The Portal to Cosmic Consciousness

THE CUSTODIANS

BEYOND ABDUCTION

監護人

外星綁架內幕 上

Things are not always what they appear to be.

這是有關我們是誰
我們從哪裡來
以及我們可能的未來的催眠紀實

你準備好了嗎？

劃時代的先驅催眠師
DOLORES CANNON（朵洛莉絲・侃南）著

林雨蒨・張志華 譯

園丁的話

這本書的原文出版時間是在一九九九年，整整十五年前。十五年後的今天，這樣的內容對大多數讀者的心智而言，可能還是很具挑戰性。

這本書裡的概念，顛覆了聖經裡有關人類起源的説法。或許這樣的概念，才能解釋許多人對聖經記載的那個憤怒、愛懲罰的神的疑惑，因而還原了祂的原本面貌。

我相信上帝是愛，宇宙也充滿愛與善意。不論是《地球守護者》、《迴旋宇宙》系列，還是《三波志願者與新地球》，透過催眠個案所傳遞的訊息，都一再提到萬物是一體，全宇宙的生命是一體的。保持在愛的意識狀態，就會有心靈的進化和頻率的提升。

這年頭很多人喜歡説愛、説光、高舉正義的旗幟，但實際的行為卻是與愛和正義背道而馳。而我一直很不明白的是，為什麼有那麼多人看不清這其中的矛盾？

我知道的愛是沒有分化、沒有批鬥、沒有仇視、沒有霸凌和恐嚇。愛，也不會以任何形式去傷害和嘲弄、羞辱與自己意見不同的人，甚至以此為樂事。但我觀察到近年來的台灣，有越來越多人有意識或無意識地認同或縱容對立、仇恨和恐懼的情緒。看似美好光明的口號或信念被用來偷渡負面的情緒和作法。

如果在這樣一個小小的島上，人們都無法相互包容，只為了意識形態就能毫不猶豫的踐踏異己，不願走出受害者情結，或是明顯的以兩套標準看待事情，那還談什麼改變台灣？更奢望什麼新地球？

靈性一個很重要的概念，就是不會為達目的而不擇手段。目的不該被當作合理化不正當手段的藉口。這也是辨識小我的一個簡單標準。

我想，喜歡探討宇宙奧秘，對外星人主題有興趣，願意相信在這浩瀚的宇宙裡，地球不是唯一具有智能生命的星球的人，心胸應該是比較開闊的，至少，會比較願意放下舊思維，接受我們是一個整體的觀念；會願意耕耘自己的靈性，不去附和那些操弄和製造對立的負面手段。

那，就從自己做起吧！放下意識形態，放下雙重標準，放下選擇性的正義，放下以立場決定是非。也開始訓練自己的辨識力吧，因為許多事就如書裡說的，「事情並不都如它表面所呈現的」。事物的表象並不可信！

真正的愛與光並沒有兩套標準。

TABLE OF CONTENTS

目錄

第一章　改變探索的方向　011
第二章　濃縮和扭曲的時間　031
第三章　事物的表象並不可信　068
第四章　隱藏於夢境的資訊　105
第五章　埋藏的記憶　171
第六章　宇宙圖書館　244
第七章　外星人說話了　285

林中兩條岔路，而我……

選了人跡較少的路走

一切就此不同。

——美國詩人羅伯・佛洛斯特（一八七四—一九六三）

第一章　改變探索的方向

一九七九年，我開始從事回溯催眠和前世療法的工作。當時我從沒想到這條路將會帶我通往如此奇特的地方和情境。

在隨後的歲月，我被帶引走上陌生的偏僻小徑，有過不可思議的冒險，遇到來自過去幻境的有趣個案，並且取得了原本以為已經永遠失去的珍貴資料。這些都是透過驚人的回溯催眠技巧才得以揭露。我的時間全用在探索過去，並把發現寫成書。我被自己那永不滿足的好奇心、對研究的極度渴望，以及對知識的熱愛席捲，它們一路支持著我持續探索。

我對於將催眠應用在個案目前的生活並不是那麼關切，除非它可以用來解決個案人生裡的問題；像是因前世產生的恐懼症或健康問題，或是從前世帶來的業力連結影響到這一世的家庭關係。我在進行前世回溯時，只使用催眠的標準作法，也就是幫助個案瞭解和控制習性（抽菸和暴食等等）。

我發展出的催眠技巧自動就能把個案帶入前世的情境，因此我並不用把焦點放在他們這一世。然而，這一切都在我無意間地被導向幽浮綁架現象之後有了改變。我的探險轉入了迥然不同和意想不到的方向。許多門開啟了，而我得以瞥見其他人認為不應揭露，且被未知的陰鬱和黑暗所掩蓋的世界。

有些人說，最好不要去探究人類心靈無法理解的事物。但是，如果那裡是知識和領悟的蘊藏之地，我知道我一定會去搜尋並提出無止盡的問題。任何研究的新管道對我都是挑戰，而且是我無法忽略的挑戰。只是，在進入這個研究領域之後，我不僅偏離了尋常的路線，我也需要改變技巧去適應新的狀況。

我對所謂「飛碟」的不明飛行物向來很感興趣。我閱讀過大部分跟這個現象有關的文獻資料，其中最令我印象深刻的是最初在一九六〇年代發生的案例，也就是貝蒂與巴尼．希爾（**Betty and Barney Hill**）的《被打斷的旅程》〔*The Interrupted Journey*〕。那是所謂「外星綁架」案例的始祖，其中許多描述讓我相信希爾夫婦的經歷是確有其事。譬如外星人用心電感應溝通和不帶敵意的意圖，在我看來就有很高的可信度。我也會讀那些對天空上奇怪且不肯默默消失的事件的評論。在權衡過正反兩方的意見後，我相信真的有些什麼事正在發生，而它並無法以懷疑論者的理性和邏輯思維去解釋。也許這整個主題從來就沒有要合乎邏輯，原本就非三言兩語能夠解釋得清楚。也許外星人的策略就是要達成他們現在正做的：激起人類的好奇心，去思考那些不可能的事。

一九四〇年代晚期和五〇年代初期，「飛碟」報導首次對大眾披露，卻普遍遭到嘲笑。當時還十多歲的我不斷想，那些事很可能真有點什麼玄機。這些年來，我對閱讀和追蹤最新的發展始終是被動的，我從沒想過自己會主動做起研究，甚至直接與來自另一個存在領域的外星人溝通。或許在詭異的領域工作多年，已經為我終於要發生的接觸做好了準備，因為當發生時，我既不感到震驚或不敢置信，也一點都不害怕。我只是好奇。好奇已成為我的註冊商標，並且幫助我取得了許多資料。

一九八五年五月，在友人米爾德莉德．希金斯（Mildred Higgins）的引介下，我跨入了幽浮研究和調查的領域。米爾德莉德是幽浮共同研究團體MUFON（Mutual UFO Network）在美國阿肯色州的助理主任。她知道我對奇怪和不尋常的事物很感興趣，猜想我可能會想認識一些調查員和對這方面有興趣的人士。她邀請我參加辦在她費耶特維爾（Fayetteville）家裡的MUFON全州大會。雖然這個會議不屬於催眠的回溯前世領域，但我認為，如果能夠就我所看過的幽浮案例問一些問題，應該會很有意思。

在會議裡，我得知MUFON是最大也最受敬重的幽浮調查組織，會員遍及全球。由於與會人士大多是科學導向，我認為最好不要提到自己的工作。催眠在當時仍被許多人歸類為荒謬的方法，但我對自己的研究是那麼嚴肅以待，我不想忍受別人的訕笑。當時我的工作都是私下進行，很少有人知道我在探索什麼。

MUFON的國際主任華特．安德魯斯（Walt Andrus）是在場人士之一，他非常健談且真情流露，每一宗幽浮案例的細節似乎都在他的記憶裡收納歸檔，隨時可以調出來。他對案例的瞭解令我印象深刻，其中有許多都經過他本人的調查。

另一位是盧修斯．法里胥（Lucius Farish），我第一次跟他見面時，對他沒有太深的印象，但他後來對我跟幽浮的連結卻有深刻的影響。盧修斯是個很安靜的人，一般人不太會注意到他。他聆聽時非常專注，像海綿般地吸收資訊。我現在知道他用這種方式學到的東西比站在舞台中央還多。他出版《幽浮新聞剪報服務》（*UFO Newsclipping Service*）月刊，世界上最新的幽浮資訊他都瞭如指掌。

會議還沒結束，我對在場人士的感覺已經自在許多，於是透露了我是研究前世的催眠師。我預期他們會不怎麼理我，因為催眠絕對不是一種會被視為「科學」的方法。然而，出乎我的意料，華特說催眠有可能是很有用的工具，而任何能協助揭露資訊的工具都受到他們的歡迎。

會議過後，我開始和盧修斯通訊。他支持我的工作，並沒有像我曾擔心的那樣取笑我。過了一年，我才第一次接觸針對幽浮的催眠研究。也就是在大概這個時候，恐怖小說家惠特里・史崔伯（**Whitley Strieber**）的著作《交流》（*Communion*）在螢幕上大放異彩。包德・霍普金（**Budd Hopkin**）的《消失的時間》（*Missing Time*）也出了一陣子，不過我因為埋首工作，一直沒有拜讀這兩本書。

巧的是，一九八六年五月，我的文學經紀人拿了史崔伯的書給我，告訴我裡面有透過回溯催眠所得到的對幽浮的描述，建議我讀一讀。同時，盧修斯（朋友都叫他盧）也打電話來，他說希金斯又要在費耶特維爾的家裡舉辦年度會議。盧提到，有個認為自己曾被外星人綁架的女子跟他聯絡，希望能做回溯催眠。盧想知道我願不願意催眠她。雖然我在這個領域毫無經驗，盧認為我應付得來。畢竟，要找到一個對這類事情有經驗的人（尤其是在阿肯色州）也很困難。盧說，大多數的精神病學家和心理學家不想處理這類不屬於他們專業領域的案例。

單是知道如何進行催眠並不足以勝任這個工作，你必須要能很自在地跟不尋常的事物交手，不被出現的任何狀況干擾，並且要能進行客觀的調查才行。我至少符合這點。我在詭異和超自然的領域已工作許久，我不認為會有什麼事情能令我驚訝。如果我可以處理死於原子彈爆炸的男子（《魂憶廣島》裡的個案），或是親眼目睹基督被釘死在十字架上的個案經驗（《耶穌與艾賽尼教派》的案例），我應該會比大多數調查員更能處理人類被來自外太空的外星人綁架的事件吧。

由於會議預計有三十個人出席，我擔心那樣的氛圍是否適合進行這類回溯。那不會是有助進行一場成功催眠的放鬆環境。我平常都是到個案的家裡，在絕對的隱私下進行療程。偶爾可能有人在場，但那向來是經過個案的同意（那些人往往是應個案的要求才來），人數通常也很少。為了要讓個案能夠放鬆，氣氛十分重要。我告訴盧，那個女孩會像是被放在玻璃的金魚缸裡向大家展示，我不知道她對現場有這麼多人會有什麼反應。我認為，觀眾一定會影響到結果。

因為這類個案超越了我平常的催眠範圍，我也不免暗自擔心。我對於該如何進行並不是很確定。我的催眠法會讓個案自動回到前世，但現在我必須修正和改變工作習慣，好讓個案能夠專注在今生的事件，不要回到過去。我因為使用過許多不同的技巧，所以知道自己一定能夠找到一個有效的方法；我只是必須改變程序，而我並不知道到時會有怎樣的效應或結果。

我的其他方式都是可預期的，即使偶爾會有極少數人拒絕照模式走，但當遇到這種情形，催眠師只要懂得改變技巧，去順應當時的情況即可。然而，在現在這個情形，我並沒有時間演練或找出新的方法。我只能現場反覆試驗，見機行事了。滿室旁觀者對實驗的進行真的不是很有幫助。

總之，我在忐忑不安的情況下開始對這位年輕女子催眠，我心裡擔憂的不是主題，而是必須改變固定的工作模式。我又一次邁入未知的領域，這其中因為牽涉許多因素，讓我無法確知結果會是如何。

令人驚奇的是，我的技巧轉換非常有效，我們獲得了很多資料。催眠進行得非常順利，在場人士並不曉得那是我第一次接這類個案。對我來說，那是開啟幽浮調查之門的指標案例。在此之前，我從未聽說有小灰人會在夜間把人從家中帶到太空船上做試驗。我也是第一次聽說有星際地圖，還有可回溯至童年的（外星）接觸等等。這也是我第一次接觸到個案的恐懼和創傷；這些感受是如此強烈，以至於情緒封鎖住了資訊。

那位年輕女子在過程中只能敍述她看到和聽到的事，無法回答我問的許多問題，而這一切只引起了我的興趣和好奇。我知道我可以發展出一種避開情緒的技巧，讓潛意識來提供答案。這樣的方法在別的個案很有效，因為潛意識擁有所有的資訊。我認為我只要能設計出方法，潛意識在這類案例也一定能發揮作用。

當時，我已經在奇怪和詭異的領域中工作，因為就是在同一年（一九八六年）我開始接觸了諾斯特拉達姆斯（**Nostradamus**）。接下來的三年，我都在寫《與諾斯特拉達姆斯對話》三部曲。因此，不尋常的怪異事件和未知的領域並沒有嚇到我，反而喚醒了我作為報告者的好奇心，以及對擁有更多知識的渴望。

那天離開會議要回家時，已過了午夜。在這樣的經歷之後，我實在不喜歡那麼晚在沒有車的鄉間公路上行駛。所有奇怪的新資訊一股腦地湧上心頭，我不免疑神疑鬼，在獨自一人駕車的途中，不斷小心地看著天空。這次的回溯催眠是否表示外頭真有外星人在跟人類接觸？萬一他們知道我剛做了這次催眠會怎樣？也許就在這個當下，他們正在看著我。

這個念頭讓我一路上心神不安。當我把車停進家裡的車道，大鬆一口氣時，已經凌晨一點了。

我知道自己想要更進一步探索這個領域，但也明白，在面對外太空生物跟人類接觸的事件時，我有必要先處理自己這個非常人類的感受。我會感到恐懼是自然的。這些年來，看多了奇怪嚇人的外星人試圖佔領世界的恐怖電影，我們早就被洗腦了。這些生物呈現出的形象向來是威脅而不是協助者。我要如何才能防止個案受到我個人感受的影響？我很清楚個案在催眠的出神狀態下，會對包括催眠師心態在內的所有一切，變得更為敏銳。

這個案子開啟了我跟類似案例合作的大門。它是典型的綁架情境，後來類似案例一而再，再而三出現，現在已是司空見慣了。我從工作中看到了浮現的模式，而當這同一個模式重複出現，我很快就會知道自己面對的究竟是真實的案例或只是幻想。

個案總是看到眼睛很大的小灰人對他們進行各種醫療檢驗，偶爾會在檢驗時看到比較近似人類的外星人。類似昆蟲的奇怪外星人也時有所聞。而每一次都會有弧形的房間、桌子、對著桌子照射的明亮光線，還有個案說不出是什麼的儀器。室內某處通常會有類似電腦的機器。他們也多次在個案離開太空船前，給個案看一張星際圖或一本書，並說時機來臨時，個案就會想起並理解那本書的內容。許多個案早在童年時期便與外星人有過接觸；十歲似乎是一個關鍵期。我發現有幾個案例甚至可以往前追溯三代。個案的母親和外婆雖然不怎麼情願，卻也敘述了類似的外星人探訪和事件。這讓我覺得這是一個針對好幾個世代研究並長期監控的實驗室實驗。

同一時期，我開始與菲爾合作，得到的資料後來寫成了《地球守護者》。片片段段的資訊逐漸拼湊了起來。那本書討論來自外太空的外星人對地球播種的古代太空人理論。我知道了外星人從地球生命開始便觀察人類直到現在。所以，還有什麼會比外星人至今仍監控我們，觀察人類發展更自然的事呢？對我來說，這就是檢查的原因，但為了讓當事人的生活不受影響，事情必須隱密地進行。

在《地球守護者》裡，我被告知最理想的狀況是當事人對發生過的事沒有任何印象，繼續過著他們正常的生活。但我發現還是有些個案會想起令他們創痛的事件，而且往往是透過夢境，而非有意識地回想起來。

我也被告知，地球大氣中的化學物質和汙染，還有人體內的藥物和酒精都會影響人腦的化學作用。這些會導致人們想起被綁架的點滴和片段，但是那些記憶會被情緒所扭曲。他們記起的並不是實際的事件。個案的意識心把事件轉變成了一個情緒高張的記憶。我的工作就是要越過意識的情緒，直接與潛意識對話，就跟我在其他案例所做的一樣。

經驗告訴我，答案就藏在潛意識裡。移除了情緒化的意識心智影響之後，真相自然會浮現。

為什麼？

許多調查員只研究目擊幽浮和外星人降落之類的具體跡證，然後就止步不前了。有的研究員只研究綁架事件，然後就不再深入。我也是從這些事情開始，但卻一直走了下去。我曾見了一個現在正開始浮現的廣大全貌，而那是我們人類心靈幾乎無法理解的奧秘，它將是有史以來呈現給人類的最重要的全局，一個有關我們是誰、我們從哪裡來，以及我們要去哪裡的故事。人類是否已經準備好要學習關於自己故事的奧秘了？

幾位作家和研究幽浮現象的調查員一致認為，不論有沒有經過我們的同意，外星人似乎是在進行跟基因操作有關的某類工作。跡象也顯示，這不完全是出於自私的科學動機，卻像是在執行上級的命令，就像醫院人員執行各種測試和檢驗時，通常會表現出的那種冷淡漠然的態度。有多少次我們想知道醫院檢驗的理由，一樣也被冷淡對待？當我們的孩子顯露出同樣的恐懼和好奇，為了讓他們安靜，我們會對他們說醫生需要知道某些事，這些事他們不會懂，就照醫生說的去做，一點也不會痛的。即使我們知道檢查的原因，可能也不會花時間去跟孩子解釋，因為我們認為這樣只會讓孩子害怕，更何況，他們無論如何都不會瞭解。於是我們試圖讓孩子保持安靜，直到該做的事完成。然後我們常聽到孩子說：「媽，你跟我說不會痛，可是明明就會！」這會造成不信賴感，就好像他們被欺騙了一樣。在某些情況下，甚至會導致孩子對醫生、護士或醫院產生恐懼。也許我們誤判了孩子，以為他們沒有理解能力；但事實卻不然。

外星人也表現出同樣的態度，他們就像是面對孩童或智力不足的人，即使他們解釋原因，對方也無法瞭解。被綁架者也跟我們的孩子有類同的反應，他們說外星人沒有權力用這種方式對待他們。他們說外星人不尊重他們，也不費心解釋究竟是怎麼回事。

如果這些檢查和試驗涉及許多人，佔了地球人口不小的比例，我認為這可以跟每天都要進行數百次相同檢查、人滿為患的醫院的那種冷淡和漠然態度相提並論。經過了一段時間之後，檢驗變得固定和單調，他們覺得沒有需要解釋，也沒有足夠的時間和興趣去試著跟每一個人溝通。在這時候，如果有某個臨時員工花時間安撫和安慰，他的善意在其他工作人員的機械化和明顯的忽略態度中，就會顯得特別突出，並被銘記在心。我相信外星人的態度不見得是忽視我們的個別人格，但有可能跟醫院一樣，是因為過多的工作量和窮於應付的例行公事的緣故。

許多研究者很努力想要找出檢測的背後原因。現在已有幾個不同的概念和解釋被提出來，未來還會有更多出現。每個涉入這個不尋常領域的人都會依據各自的研究、生活體驗、心態和期望，架構出自己對此的理論。其中有許多人認為，外星人正在進行基因操作或基因工程，目的為何則各有不同的看法。有些人認為人類是高等、幾近完美的種族，而外星人可能是來自不完美或瀕臨死亡的種族。或許他們不知怎地失去了繁衍能力，因此需要人類的精子和卵子，幫助他們的種族免於滅絕。他們希望透過不同種族間的交配來達成這個目的，就算不是經由肉體，也會透過臨床的科學實驗製造出人類與外星人的混種。由於這個概念在人類眼中非常恐怖，我們也會認為具有這種意圖的外星人很可怕。

我則有不同的理論。我相信外星人這麼做的目的是為了地球人，而不是他們自己。當然，我們已經看到好幾種不同的外星人和基因操作有關，其中可能有些比較負面的外星人是為了一己之私。但我相信，這些幽浮群體裡的叛離者或持不同意見者是少數。

就像我在《地球守護者》說明的，早在萬古以前，第一個人類出現在地球之前，就有一個在較高力量引導下，為我們這個世界制定好的計畫。這個宏偉計畫的設計與執行的方法，都遠遠超過人類所能理解。不同的存在體被指派去執行這個計畫裡的不同步驟，每個存在體只負責自己那一小部分，因此他們對整個計畫的完成並沒有什麼可說的。計畫的整體範圍大概也超過了他們的理解能力。由於他們用無限長的時間在地球製造、培育和修正生命，這對他們來說只是一份工作，一項任務。他們在許多處於不同成長階段的星球上頭，可能也有過類似的任務。當個別的存在體死亡，其他的存在體會接續他們的工作。這是個時間極長，並以一絲不苟的精細所協調執行的計畫。時間不重要，重要的只有最後的目標——創造出在生理和心智都很卓越的物種。這樣的計畫並非一蹴可幾，而就算是這麼小心翼翼的規畫也會有出錯的可能。畢竟，要預測到每一個可能發生的狀況是不可能的。

於是，就在一顆隕石墜落地球，帶來不適合這個星球的有機體時，美中不足的事發生了。那些有機體在它們原本的環境中是無害的，但在進入地球清新的大氣後，卻增生和變種成了易變無常的威脅；它破壞了播種人類的計畫，人體從此有了疾病。

原先的理想計畫是要創造出一種完美運作的身體，沒有疾病，可以享有很長的壽命。因此，當這個預料外的發展出現時，大家都很哀傷，議會的最高層級於是召開會議，決定接下來該怎麼做。他們既傷心又自責，因為偉大的實驗走了樣。但他們決定，既然已經為實驗付出了那麼多努力，最好就繼續下去，不要放棄整個實驗。他們決定將已經造成的傷害降到最低，接受不完美的部分，繼續努力，往前邁進。

人類在發展的早期持續受到這樣的照顧、修正和操縱。基因操作和工程從一開始就已是人類的一部分。這並不是什麼新鮮事。這是為什麼我們之所以是現在這樣，而不是住在山洞裡，在荒野中艱難求生的原因。外星人很小心地培育和影響人類大腦的發展，把對他們而言非常平常，但對我們來說驚奇不已的心靈能力和直覺感受，一點一點地引入。隨著人類的發展遠離動物階段，並且變得有能力應付生活和種種事務，外星人就不被准許擁有那麼多的影響力了。地球一直被強調是個自由意志的星球，而宇宙法則嚴格規定，自由意志必須受到尊重。

外星人從地球園丁的任務轉變成了監護人。他們給了人類很多裝置與知識，好讓人類的生活變得容易些，然後我們這個新物種就必須自立自強。如果人類犯了錯，把知識用在錯誤的地方，那也是我們的權利，前提是不要侵犯到地球以外的生物的權益。

外星人受到嚴格的不干預法則的約束。當然，他們對人類的研究仍持續進行，不時需要檢視實驗，看看人類的發展以及對環境的適應情況，並在適當的時機透過基因操作進行修正。如果這些事情從時間之初即已開始，那現在又為什麼不會持續呢？如果他們是在更高力量的許可之下進行，而我們對那股力量卻連最基本的理解能力都沒有，我們又怎能說他們沒有權利？我們並不會對一個母親說她沒有權利或職權去照顧她的小孩。這是我看這件事的邏輯。

隨著人類的發展，我們對環境的影響已到了一個會反過來大幅影響人體的程度。我想，在人類環境經歷這些威脅性變化的時候，外星人進行更多測試和檢查並非巧合。他們當然想知道人類對自己的身體做了什麼；他們一直都很有興趣。他們持續關心並修正和調整人類，好讓我們能適應自己對大氣所注入的那些「東西」。還有什麼比這更順理成章的事呢？

如果這包括了透過操作基因製造出更有適應力的人類，那就由他們去吧。我相信他們仍在試著修補萬古前隕石把疾病帶進他們的實驗所造成的傷害。我相信他們仍在努力回歸最初的夢想和設計，讓我們成為沒有疾病，擁有長到不可思議的壽命，因此能完成了不起事蹟的人類種族。

我在《地球守護者》還談到了另一個計畫：創造完美的人類，讓這些人在宇宙的某處，另一個預備給他們的星球上生活的可能。當地球可能被核戰或其他事物汙染到無法復原時，這會是人類在乾淨的環境中重新開始的機會。我相信這是一個可能性，但也許不是唯一的一個。

一九八八年的秋天，我遇到一件怪事。某個夜晚，我忽然有種明確而不熟悉的感覺，好像有一整團的資訊不知怎地灌入了腦子裡。那個體驗完全不像是在作夢。事發當下，我清醒到足以理解那些資訊。我知道那是個概念，不是具體的句子或想法。它是以完整和簡潔的形式放到我的腦裡。

我常聽個案說他們接收到的資訊必須分解成語言才能被理解。現在我瞭解他們轉譯的困難了。這是我第一次有這種體驗，也是唯一的一次（我認為）。我知道那個概念跟幽浮裡的外星人的行為和思考等等解釋有關。我知道它應該被放進我以後要寫的幽浮案例的書裡。我當時正在進行《與諾斯特拉達姆斯對話》三部曲第一部的最後編輯工作，完全沒有察覺自己竟也在思索外星人使用基因工程的原因。我只是持續累積資料，期待有天把這些資料寫進我談幽浮案例的書裡。

我收到的概念、想法和說明，跟當時從其他幽浮作者那裡聽到的都不一樣。記下這些內容似乎很重要，重點是，那是我一直在找的資訊。我並沒有時間去分析，因為它有太多面向，但我知道我可以先記在心裡，隔天再把內容存到電腦。我繼續入睡，隔天早上醒來時，腦裡有種奇怪的感覺。我的人尚未完全清醒，那團資訊便以前一晚同樣的強度泉湧而來。這不是正常的狀況，因為通常醒來後，夢裡的內容會退去得很快，事後要回想，就算只是畫面，都不是容易的事。

我得到的資訊並不是畫面，而是哲學性的思想。它再度強調我必須記住並寫下來。我知道我必須在它消失前趕緊存到電腦。當然，日常生活裡總是會有些阻礙。那天的第一要務是要跟女兒一起把我們小果園裡的桃子裝罐。成熟的桃子不能等，即使有資訊在腦裡跑來跑去，心有旁騖的情形下也是一樣。當最後一罐桃子封好放在桌上等候冷卻時，我才終於有時間可以一個人在電腦前工作。

當然，接下來就是要思考如何將資訊轉成文字。這通常是最困難的部分，因為概念是整體的，但要轉換成文字，勢必得經過拆解，而這並不容易。我很清楚我一定會遺漏某些部分，不過我還是會努力。

我收到的這個概念很有趣，我能夠以它的解釋為骨幹，建構出一本書，朝著預先形成的結論前進。雖然那樣的一本書當時只是我心裡深處的一個模糊影子，還談不上形式和內容。

這些萌芽期在我的檔案裡冬眠，直到十年後才得以具體化。到了一九九八年，我已經累積了可以寫成一本書的大量資料，而這本書毫無疑問地就是依循著我在一九八八年所得到的概念。

概念

我發現，基因操作是為了保護人類，保存我們這個種族，保障我們的存續。以這種方式去看，基因操作其實是一項偉大和仁慈的行動，顯示了對人類的極大關懷。《與諾斯特拉達姆斯對話》三部曲裡強調，我們的生活方式很有可能毀於一旦。地軸傾斜的可能性已被預見。在這樣的大災難期間，將有許多因素造成生命的殞落，像是洪水、地震、火山爆發、海嘯等等各種已知和未知的不幸。接踵而至的疾病和饑荒又會帶來更多死亡。任何倖存下來的人都必須非常堅強。我對人類很有信心，我相信我們有能力存活。就如諾斯特拉達姆斯相信的，我也相信這不會是**世界**的末日，而是我們**所知的**世界的末日。我們的生活方式將會有徹底的改變，但人類所具有的不屈不撓的美好特質，一定可以重建我們認為重要的生活形態。

我並不太喜歡想這件事，也不想認為這有可能發生，然而，許多專家已經同意這個可能性確實存在。或許外星人只是看得比較遠，並且試著預測到每一個可能。他們不想再有措手不及的事發生。透過基因操作和基因工程，他們也許能夠創造出可以在污染環境中存活的人類——不只能抵抗癌症和其它因環境改變而產生的疾病，還能適應充滿巨大壓力的新生活形態。本書有位個案就看到自己在滿是病患和將死之人的場景裡，儘所能地提供任何一點協助。她沒有生病，也不會生病。幫助別人是她的工作。也許她就是為了這個目的而設計出的新人類，能夠禁得起地球變遷時的災難與隨之而來的重大危機。

我得到的資料讓我發展出一個理論：外星人十分關心我們這個物種的福祉，因為打從遠古以來，他們便一直看顧著人類；他們並沒有放棄我們的打算。有些人類正在接受準備，要在另一個預備中的星球生存，這個星球將會居住那些沒有疾病的個體。它被設計成跟地球類似，這樣一來，那些將要在原始狀態的新環境展開新生活或延續過去舊日子的人類，才不會受到驚嚇或太大的衝擊。有些人也可能正在接受準備，以便在地球發生浩劫性的變化後，繼續在這個星球上生存。

我相信，未來當我們看到這個現象的所有不同面向時，我們將意識到外星人沒什麼好讓人懼怕的，相反地，我們應該把他們看作是祖先、兄弟或監護人來歡迎。他們在這項宏偉計畫的目的最終將如水晶般明晰，並得到人類的理解。

觀察

自從接觸到這個較為極端的觀點後，我發現自己觀察周遭事物的方式有了改變。它影響了我看待人類同胞和他們生活的方式，還有這些生命是如何在全球性的情境中息息相關。隨著我對這些事情的注意，監護人理論背後的邏輯也在我的心裡越來越清晰，越來越有道理。

在遙遠的未來，人類很有可能也會擔任某個星球的監護人。這個想法不只可能，還極有可能成真。人類是非常好奇的動物，我確定當初展開照顧地球計畫的外星人也是。我很難想像一旦人類太空旅行的技術臻至完美，克服了我們的世界與外頭死寂世界的距離之後，我們會想要外面的世界跟發現時一樣死氣沉沉地沒有生命。在遙遠的未來，人類將具備引介生命實驗的知識，也必定會從簡單的初步階段開始，先導入單純的細胞，看看在眼前的條件下，有哪些可以成長並適應原始的環境。

在經過了許多實驗之後，更複雜的生命形式將被導入，或是改變基因來適應環境。我相信天生好奇的人類一定會這麼做的。而且我們會推論這樣的實驗不可能造成傷害。因為進行實驗的星球本來沒有生命，或是只有最基本的細胞結構，因此人類就有了一個沒有生命的荒蕪星球做為實驗地。這裡已一切就緒，等著成為未來科學家試驗不同生命形式適應力的遊戲場。所以這會傷害到誰呢？外面的世界不會有地球上的種種限制，科學家因此能夠自由嘗試。

當然，他們會受到政府或至少某個較高位者的指導和指示，遵循著一個主要計畫的順序，一步步進行。那個計畫一定是複雜到不是一般科學家可以獨立完成。接著，將會是照料、去蕪存菁和移植等工作，也就是協助發展中的生命形式適應環境。這些瑣碎的任務會是交由教育程度較低的人（或甚至是機器人）來執行，因為這些工作只需要遵從指示。

母星的大眾可能知道，也可能不知道這些非公開的計畫，而計畫則可能無限期地發展，由那些認為「新」世界太過珍貴而不能終止實驗的科學家世代地進行下去。這些科學家將學到多到不可思議的新資訊，並用來造福地球人民——計畫如果也對母星的生活形態帶來幫助，自然就不會被放棄。

經過數不清多久的時間之後，生命的存在確立了，並且開始發展它自己的特質。或許來自地球的生物也被引介到實驗裡進行跨種繁殖，以便發展出能夠適應環境的基因，其結果可能就是一種有智能的動物。在這個過程中，人類很自然地會為了協助發展而操控基因，放進我們自己種族的特質。當新的生命出現，興奮之情將感染所有的科學界。這個產生的生物可能具有部分我們的特性，但由於必須適應本身的環境，所以大概不會和我們非常相像。他的眼睛、呼吸器官和循環系統可能跟我們不同，因此無法在地球存活，然而，他仍會被視為是類人動物（humanoid）。

假使，這個新生物開始顯示出與大計畫不相容的缺陷，科學家會因此放棄計畫，毀掉他嗎？我想不會。我想人類仍有足夠的神性，他會把所有的生命看作是神聖的，就算是自己一手所創。我想人類會盡力幫助新的物種適應缺陷，或就是讓他們在演化的困境中，自生自滅。

隨著具有優勢或主要物種持續發展並開始展現文明的跡象，監督就會跟著減少。實驗者不需要隨時都在觀察。此外，看看新生物會如何自行發展可能也是個有趣的實驗。他們會有哪種道德觀？會有創造力嗎？好不好戰？為了瞭解自己的種族，我們會覺得有必要容許這些生物自行發展，同時研究哪些特點是自然發生，哪些是靠後天學習。但我們不會完全丟下他們不管。

指導者會前去和新生物一起生活，教導他們改善生活的方式。新生物則會視指導者如神，即使在他已返回母星很久之後，對他的崇拜依然不會改變。指導者一定是神，因為他具有如此不可思議的神奇力量和知識。他會教新生物採集食物和生存的方式。接著，為了研究生物的心智發展，指導者不會介入或干預後續的情況。知識一旦傳授出去，要怎麼使用就全由新生物自己決定了。介入太多很可能會徹底破壞實驗。

我們顯然還可以列出許多不同的因素，但以上會是大致上的情節。

這將是一直持續進行的實驗，而且永遠不會被母星放棄。經過許多世代以後，這個實驗會繼續出現在歷史的紀錄裡。永遠都會有「看守者」負責觀察和更新紀錄。為了瞭解基因的發展和環境對基因的影響，新生物中自然會有一些受到較嚴密的監控。如果發現問題，「看守者」便能透過修正提供幫助。我相信我們不會認為這是干預，因為在理想的狀態下，生物不會覺察有異，所以可以不受影響地繼續他原本的生活。

為了不被生物察覺，實驗進展到這個先進的階段，科學家最好是待在實驗室的玻璃後面。這跟在籠裡孵育飼養罕見鳥類的情形非常相似。在小鳥破殼而出後，照顧者會戴著怪誕的鳥面具或帽兜，為的是避免成長中的雛鳥與人類認同。科學家的理論是，如果鳥以為自己是人類，以後到了野外將無法生存。牠必須跟自己的同類認同才行。

然而，如果當物種的發展轉了向，開始用他新發現的知識掀起戰爭呢？萬一戰爭的行為日趨嚴重，他們創造出具有可怕力量的武器該怎麼辦？萬一他們以輕率魯莽的方式使用新發明，威脅著要摧毀自己，還有他們的整個世界，又該如何？他們會被容許這麼做嗎？我不這麼認為。如果實驗在數不清的世紀中一直受到保護和培育，在那一刻，我們會放棄實驗還是冒險干預？這會是非常重大的問題，而決定的責任很可能是在地球政府的最高層級。

我們有可能會決定讓他們做他們想做的事，當作是實驗的終極高峰。但是，我們會眼睜睜看著一切全毀嗎？我們很可能會採集細胞，進行複製，以便地球留下這些物種的一些樣本，也或者是到另一個荒蕪的星球重新來過。我們大概不會讓所有的努力就這麼化為烏有。我也相信，如果物種威脅要毀了他們整個星球，我們勢必會做點什麼來預防，因為它造成的衝擊會影響太陽系，甚至鄰近的星球和銀河系。這會造成太大的破壞，我們不能坐視不管。在那樣的時刻，我想我們終究會打破不干預的鐵律，讓物種知道我們的存在。我們會告訴他們，我們是亙古以來他們的創造者、監護人和保護者。他們會接受我們嗎？會相信我們嗎？這會帶來任何改變嗎？

這整個情境聽起來像是科幻小說，但我們如何確知這不會真的發生？我們如何確知這種情境不僅已經成真，而且不只是在地球，還在宇宙間無數可能的星球上演？只要還有好奇心，人類就會去尋找真相。只要人類持續搜尋，就沒有什麼能限制他的成就。

一直以來，宇宙始終是人類的家。好奇心是我們從創造者和監護者承繼到的重要特性，它也一定會是我們日後將傳續給尚未出生的後代的重要特質——不論他們是在這個星球或是別處。

知識若無法分享便毫無價值。

第二章　濃縮和扭曲的時間

消失的時間是指當事人在沒有意識到的情況下，幾個小時不明原因地過去了。很多調查員探索過這些案例，本書稍後也會討論幾個例子，不過我發現了一個在我看來更奇怪的概念：被濃縮的時間。換句話說，就是事情用比平常少很多的時間完成。當然，從當事人的觀點來看，這兩個現象都是時間被神祕扭曲的例子。

人類因為被困在對線性時間的概念裡而受到束縛。據說，我們可能是宇宙裡唯一發明了方法來衡量某個並不存在事物的星球。我在工作中被多次告知，時間只是人類所發明的幻相，外星人並沒有這個概念。他們也告訴我，唯有克服對時間錯誤的想法，人類才能在宇宙間旅行。這是人類之所以被困在地球的主因之一。

雖然我們從心理的觀點可能可以瞭解這點，但要人類心智去接受時間不存在，就算不是不可能，也是非常困難的事。我們的生命完全陷在根深蒂固的時間裡，由分鐘、小時、日、週、月、年所組成，並以此衡量。我看不出人類要如何逃離這個概念，同時卻繼續在我們正常的平日世界中運作。我們相信，事情在一定長度的時間裡必須照著順序，從一點進展到另一點。沒有事情可以例外，沒有別的路徑可以走，因為那並不符合我們的信念系統。因此，我們的焦點是很狹隘的，焦點外的任何事物都被說成是不可能，因此不會發生，無法存在。

但如果，人類是住在另一個用不同方式環繞著太陽旋轉的星球，那我們要怎麼衡量時間呢？假設白晝恆常，或是永夜無光呢？假設那個行星有兩個太陽？那裡的人會用不同的方式衡量時間嗎？還是決定沒必要這麼麻煩？而那些在太空船上長時間旅行，在宇宙間不斷前行，沒有參照點可以區分日夜，也沒有理由區分季節和年分的存在體又是如何呢？這也難怪他們不瞭解時間對我們的意義，也經常覺得沒有道理。在類似並且甚至更極端的情況下，我們也很可能會認為創造出時間並教條式地堅持時間的概念並沒有意義。

僵化的時間架構使人類看不到其他的次元和存在層面，但外星人沒有這個限制，因此能自由探索。在發現了其他的次元和存在層面後，外星人接著又找到使物質消失和重現的運送方式，他們可以迅速地穿越通往其他次元的裂隙，在那些缺口中移動，輕鬆自如地就像是走過一扇門。當然，早在我們的祖先住在洞穴以前，外星人可能就已經在這麼做了。人類要想追上他們，還有好長的路要走。但除非人類拿掉遮蔽的眼罩，看到事情的可能性，要不永遠也找不到那些裂隙。

話說回來，如果有別的類人類物種找到了方法，那麼我們也有可能找到。假使自人類存在以來，外星人就透過心靈將我們所需要的資訊提供給我們，那麼他們也有可能現在正試著傳送消除時間障礙的秘密，幫助我們看到那珍貴的時空門戶的所在。

外星人似乎能接受許多對人類心靈來說，幾乎不可能領略的形而上概念。注重「具體細節」的調查員或研究者總是希望所有事情都保持單純，如果他們看不到，衡量不到，碰觸不到或是無法解剖，那麼它就不存在。他們對一小時旅行幾英里可以抵達最近的星球的這類概念比較自在，因此努力發展能夠達成這項任務的能源。要他們領會靠心靈力量旅行並且進出不同次元的概念，就會困難得多。然而，幽浮謎團的解答再也不是那麼單純。越去挖掘這個謎團，概念就變得越複雜，對心智越是挑戰。或許這是為什麼我們直到現在才被給予這些另類資訊。

在過去，我們人類心智必須習慣外星人用我們可以理解的方式搭乘幽浮旅行，譬如使用某類型的傳統能源來超越光速，以符合地球科學家所理解的物理法則。這些年間，資訊就像是用湯匙一點點地餵給人類，一次只給我們當下應付得來的量。當我們適應了概念的各個部分，當觀念不再令我們害怕之後，他們又會提供拼圖裡更複雜的一片。我真的懷疑人類到底有沒有瞭解完整概念的一天，就像我們並不會預期一個還在學走路的幼兒能夠瞭解幾何學或微積分一樣。因此，我們人類大概永遠不會有那個機會吧。

我被多次告知，不要期待我所有的問題都會得到解答。有些知識好比良藥，有些則如毒藥一般，它的傷害會多過幫助。因此我接受凡是提供給我的資訊，我也發現，當我分析它們，試著瞭解那些概念時，我又會得到更多資訊讓我消化，而它們也從未超過我的因應能力。這也是我一直以來寫書的方法，我試著用大眾能夠領會和理解的方式來呈現這些概念，而現在，這本書將會涵蓋之前所不曾呈現的內容。探索者的面前仍有許多未被標明的未知領域，而我希望能朝那些地方前行。我們正如嬰兒學步般地，一步步踏入未知的世界。

我們認為，這些外星人和飛行器的行動並不符合我們所知道的物理法則。我們認為他們在做的事「不合自然規律」，因此對他們的存在抱持極大懷疑。人們說，報告中所說的那些外星人表現的本事，根本是不可能的。而我認為，我們終將發現那些現象是自然的，而非不自然。外星人遵循的可能是我們尚未發現，或是連想都沒想過的新物理法則。由於不符人類的現實架構，所以我們會覺得新奇，但對他們來說卻再自然不過。

根據我收到的資料，幽浮之所以能從視線或雷達螢幕消失不見，是因為它們能突然改變振動頻率。你只要觀察過風扇或螺旋槳葉片在旋轉加速時是如何看不到葉片，你就會對那是怎麼回事有了粗淺的概念。我們這些住在地球實體環境的人是在一個較低的頻率上振動。這個概念會在我的另一本書《迴旋宇宙》有進一步的解釋。

這些外星人有許多並不是生活在其他星球，而是在其他次元。在那些次元裡，有許多其他的世界（有的是實體世界，有的不是）偶爾會與我們的世界並行存在，但它們振動的速度較快。通常，我們完全不會意識到彼此的世界。比較先進的其他世界察覺到了我們，於是不時會前來地球觀察。然而，他們必須要放慢自身的振動速度（也就是降低振頻），才可以來到地球。降低和維持較慢的頻率不論多久，都被描述為痛苦的事。如果人類要進入那些次元就剛好相反，我們的振動必須加速，再回來時則必須放慢下來。

這些外星生命有許多已經演化到純能量的階段，他們不再需要肉體。然而，當需要身體跟人類互動時，他們也能以肉身顯現。我並不明白為什麼純能量的存在體在旅行時還需要太空船。也許他們為了維持生命，不只把他們的環境帶著走，像是重力、大氣等等，而且也包括了他們的振動速度。

許多案例顯示，被帶上小太空船的人類在身體上並沒有受到什麼持續的影響。也許這就是原因。那些飛行器進入我們的振動速度並在這裡運作，所以人類沒有適應的問題。小灰人通常就是在這些較小的飛行器上出現；這些被複製或製造出來的生物，顯然比其他型態的外星生物更容易在這些頻率中運作。小灰人是高大灰人依自己的形象所造，以便帶到地球進行瑣碎的僕役工作。他們採集人類、動物、植物等樣本，送到大型太空船上的實驗室做分析。

人類被帶上較大太空船或「母船」的案例並不多。這些船隻通常是在大氣層的高處，因為過於龐大降落不易。不過，我現在認為，它們也是以不同的頻率振動，所以才會是隱形的（對我們來說）。也許太空船上的外星生命無法輕易調整到較慢的振動，因此偏好待在他們自在舒服的環境裡。人類如果要進入那些太空船，身體的分子必須經過調整，振動也必須加速。人體可以在有限的時間裡這麼運作，但無法無限期地下去，否則身體就會瓦解。

當從太空船上回來，個案會經歷複雜和困難的過程——重新調整身體，降低振動速度。當身體從這個痛苦經歷回到原本的系統，當事人會感到困惑、迷惘，或出現暫時性的麻痺和其他生理症狀（例如瘀血）。這可以解釋為什麼很少有人類被帶上大型太空船的案例，而登上小型飛行器和看到小灰人的經驗則常見得多，因為一般人可能無法適應登上大太空船所需經歷的生理變化。

一九九八年，與蘇聯一同登上和平號（MIR）軌道太空站的最後一位美國人返回地球。據他表示，在處於無重力的狀況下那麼久後，最難適應的便是要習慣自己身體壓迫性的重量。

消失時間的事件並不總是跟表面所呈現的一樣。一般以為，經歷消失時間的當事人是跟外星人或幽浮有直接的接觸，特別是有光（或飛行物）出現的時候。但我發現情況不一定如此。很多案例都只是當事人的心靈封鎖了不愉快或受創的經驗，和外星人並無關聯。只要催眠的狀態深到能夠直接聯繫潛意識心智，我們就能取得正確的資料。

潛意識具有所有的記憶，它會報告真正發生的事件，不會有意識心干預所產生的情緒渲染或扭曲。我總是告訴調查員，當個案報告消失的時間或其他看似符合模式的經驗時，不要驟下結論。永遠先從最簡單的解釋找起，再進入較複雜的可能性。在很多案例裡，簡單的解釋就是答案。

由於某些不明的原因，有些人偏好用複雜的答案來解釋他們生命裡的事件。「我有過消失的時間，所以一定被帶上幽浮過。」因為某個神祕的心理過程，這個抽象的推論比平凡但不愉快的解釋更容易被接受。我有個個案確實有過消失的時間，也確實與外星人有過接觸，但那卻是一個在錯誤的時間到了錯誤地方的案例。

湯姆一直為了一九七二年在麻薩諸塞州發生的消失時間事件感到困擾，因此想一探究竟。他當時是為了生意的事去客戶家開會，與在場的其他人共進了一頓美好的晚餐，隨著時間慢慢過去，夜色越來越深，有個女子邀請湯姆到她的公寓留宿，好讓他不用趕回隔壁城鎮的家。

湯姆記得那夜那位女士正在開車的時候，在一些樹的上方，有道亮光劃破天際。那位女士似乎因此變得緊張，但接下來的事湯姆就不記得了，他只記得第二天早上在她的公寓裡醒來。他沒有服用任何藥物或喝酒，始終無法解釋消失的時間。沒多久，那位女士搬走了，湯姆並不曉得她去了哪裡。他只記得對方有點奇怪，不是很親切，也不太愛說話。

透過催眠，湯姆重返當日的場景，回憶起事件的確切日期，並描述了那頓可口的晚餐。他提供了許多他的意識心智已經遺忘的細節，其中有許多都跟我們要找的真相無關，但顯然所有的資訊都存在著，而且隨時可以接通取得。那位女子的名字叫史黛拉，湯姆說她的車是全新的一九七二年龐帝克火鳥。當他們循著鄉村小路駕車前往她的公寓，時間已近午夜。湯姆敍述了他們之間的閒聊。然後，他的眼角餘光瞥見他以為是一團火球或「流星」之類的東西。天空上的光越來越亮，眼看著就要朝他們逼近。

引擎突然熄火了，車就停在路的中央。史黛拉非常害怕，但說來奇怪，湯姆的反應卻很不同。他突然覺得疲憊不堪，接著就睡著了。這絕不是正常的反應。我知道他的潛意識一直是清醒的，我可以向它請教。

他的潛意識告訴我，他和史黛拉都睡著了。有道耀眼的光包圍住車子，光從所有的窗戶照進來。接著，車門被打開，他們睡著的身體被移出車子。我問是誰帶他們出來。

「他們看起來像人類。一個褐色頭髮的男子，另一個是金髮。他們把我們帶出車外，檢查了車子裡面，然後看著我們，拿一個東西對著我們上上下下，最後才把我們放回車裡。」

湯姆說他們讓他無意識的身體保持直立，用一個儀器在他全身上下檢查。儀器在操作時發出喀答喀答的聲音。我認為他們要用這種方式把他抬起來應該會很重。他回說大概吧，不過他們做起來卻不怎麼費力。

我請他描述那個儀器。「它看來細細長長的，類似電視的天線，大約有十三或十四英寸長（譯注：約33－35公分），周圍有電線包著。它會閃爍顏色，是介於螢光綠和深紫色的閃光。當儀器經過身體時會發出光，還有喀答的聲響。但我不知道它的用途。」

接下來他們就被放回車裡。引擎動了，他們又行駛在路上。兩名男子和光通通消失不見。史黛拉說：「噢，我剛剛有刹那一定是睡著了。我一定是太累了。」湯姆也覺得自己打了瞌睡。然後史黛拉看了一下錶，她被自己看到的時間嚇了一跳。「噢，天啊！兩點半了！我們不是十二點走的嗎？噢，我不知道怎麼回事。我們最好趕快。」在開車去她的公寓途中，他們都沒有再提起這事。湯姆覺得非常累，好像能量耗盡了一樣，剩餘的路程猛打瞌睡。到了公寓，史黛拉帶他去客房，他一頭便栽倒在床上。除了隔天早上被電話吵醒外，他不記得其他的事。

我問他的潛意識知不知道為什麼被那個看起來奇怪的儀器檢查。它回答：「是的，我知道為什麼。是因為史黛拉。她在波士頓南部一家公司工作，那家公司正在準備越戰的軍事機密。史黛拉可以接觸到所有不同類型的資訊。我想他們是想從她身上得到資訊，和我沒有太大關係。我只是剛好在他們跟她接觸的時候在場而已。他們監控她，大概已經和她接觸過很多次了。我知道有什麼不對勁，因為她總是很緊張不安的樣子。她很多疑，不容易交朋友，而且常常搬家。在她搬來麻州之前，她住過日本、夏威夷和加州。她到過世界各地。」

朵：他們也用那個儀器檢查她嗎？

湯：我看不到他們對她做了什麼，因為他們用那個東西在我身上檢查。但我知道他們做的不只這些。他們跟她有某種聯繫。

朵：那個儀器的用途是什麼？

湯：它和我們現在有的電腦斷層掃瞄很像。它在檢查我的生命機能，還有測量我的腦波。他們透過腦波影響人類。不過這些人不是壞人。他們不是冷酷或沒有感情，他們只是在監控史黛拉，擔心她可能涉及某些事，有點像是間諜的活動。那是他們想監控她的原因之一，因為她知道很多資料。史黛拉有無線電和細菌學的學位，又是電機工程博士，她是個很聰明的女人。

朵：他們是想用這種方式從她身上得到資訊嗎？

湯：不是。他們已經知道所有她知道的事，因為他們可以讀她的思緒。但因為某個原因還是什麼的，她對他們來說很重要。我不清楚。

朵：為什麼他們會擔心她涉及間諜活動？這對他們來說有什麼影響嗎？

湯：她有那方面的問題。蘇聯集團的人曾跟她接觸，要給她十萬美元，不過她從來沒接受他們的錢。她後來搬家了。

朵：這些外星人擔心她捲入間諜活動或那類的事？你的意思是這樣嗎？

湯：不是，他們不擔心她捲入間諜活動或類似的事。她是他們在監控的人之一，就只是這樣。她也會接觸到各類型的科學論文、專題著作和這類性質的事。這是她被監控的原因。

朵：你現在跟我說的有關她的資料，是你本來就知道，還是現在才知道？

湯：噢，我知道她有學位。我也知道她在波士頓外郊一家和電機工程有關的公司工作，但我原先不曉得她跟間諜活動有關。

朵：那麼你剛剛才發現的她被監控這件事，你當時並不曉得？

湯：對。她對被監控這件事感到很困擾，因此才在世界各地旅行。她想遠離他們。這件事過後她很快就離開了。我猜想她應該是搬離了麻州，因為我連絡不上她。

朵：你沒有再見過她？

湯：沒有，她必須去……（停頓，然後很驚訝）去休士頓。史黛拉離開是因為她被調到休士頓。

朵：好。那天之後你還有過類似的經驗嗎？看到那個光或什麼的？

湯：沒有，再也沒有過。那是唯一的一次。

我覺得這個案例很有意思，因為這個時間消失的個案並不是外星人注意的目標。如果個案是在想像，他會有很大的想像空間，但他甚至不是事件的主角。此外，他說他後來再也沒有過類似的事件，這一點也很有趣。如果這是他想像出來的，他很容易就能把故事延伸下去。然而，卻沒有任何後續。

一九八八和八九年，我遇到三個會聯想到跟時間扭曲，甚至移動到另一個次元有關的案例。一九八七年的夏天，盧在地方超市的免費報紙上刊登了一則小廣告，徵尋遇過不尋常幽浮事件的人打電話給他。那是他第一次，也是唯一一次刊登這種廣告。

一位名叫珍奈的女子打電話過去，說她前一晚在他那個地區遇到奇怪的事。那個女子很不安，不願公開自己的身分。她告訴盧，事發當時她從小岩城經過康威區回家，卻只花了十五分鐘。那段路程大約是五十英里，通常要花上四十五分鐘。此外，四線道的州際公路上完全不見其他車輛也挺怪的。回到家後，她養的幾隻狗又不尋常地狂吠。盧說，看來我們有了一宗時間濃縮而非時間消失的案例。過程當中唯一可能和幽浮有關的，就是她看到巨大明亮的光在一些樹頂上頭。不過她是個不想透露身分的商界人士，談論這件事似乎令她覺得尷尬。

盧於是到她家跟她詳談。他發現珍奈是個非常實事求是的人，從沒閱讀過幽浮方面的資料，也沒有任何興趣。她認為如果真的發生了什麼，一定會有符合常識的合理解釋，但她實在很難解釋時間的加速和天上的光。盧問她是否願意接受催眠，她非常抗拒。我叫盧不要勉強，讓她自己做決定。但如果有可能，我會想跟她見上一面。

接下來的一年，盧時不時會與珍奈聯繫。她緊抓著各種對那道光的奇怪解釋，甚至接受那是有人在樹上用鏡子往上反射的亮光。由於太想找到一個解釋，結果解釋反而比實際的事件還要詭異。

她也提到她做了一些奇怪的預知夢，這是她生命中第一次出現這種靈媒傾向。

盧屢次試圖安排我和珍奈會面，卻總是沒成。每次珍奈都有別的對她來說更重要的事要忙，而那通常跟生意有關。顯然地，那個經歷雖然令她震撼，對她卻不是最重要的。

第一次聽到她的案例時，濃縮時間的概念對我還是很新鮮的怪事，所以一直見不到面也無妨。在這期間，我又遇到兩個明顯類似的案例。我認為這些案例之間可能有共通性，尤其是本章提到的凡勒莉和艾迪。

終於，在一九八九年的四月，我在尤里卡溫泉市（Eureka Springs）的歐札克幽浮大會上見到了珍奈。她勉強答應出席。盧介紹了我們認識。珍奈說那個週末至少有其他三十件事是她寧願去做的，參加這場大會並不是其中之一。她對這方面純粹就是不感興趣。大會上，她一直很專心地聆聽講者說話，也看了會議所放映的照片和投影片，不過並沒有什麼和她的經驗類似，所以她認為這只是在浪費時間。當大多數的人都還在會議廳的時候，我們兩人先到了大廳，坐下來聊天。

珍奈是很有魅力的金髮女子，成熟，但不會太過於世故。她把自己打扮得很好，給人一種她習慣跟富裕、教育程度高的人士往來的印象。然而她很友善，不會給人勢利眼的感覺。她和我在一起顯然很放鬆，很快就告訴我她的故事。能把事情說出來，好似讓她鬆了口氣。她像是知道我不會笑她，而是要幫助她。由於她最近腦裡一直閃過其他細節，她感到困擾，這才決定要探索這件事。她依然對事情會有合理解釋保持正面的態度，她相信只要能找到解釋，這件事就不會困擾她了。她非常仔細和確實地向我描述了細節。

我確信她自己已經核對過這起奇怪的濃縮時間事件，因為她似乎是那種想替每個可能的細節找到證據，滿足自己好奇心的人。她的確這麼做了，她已經跟好幾個人核對過事發當晚她離開小岩城餐廳的時間，確定自己開上四十號州際公路是在午夜前後。

她沿著公路一直開，然後轉向通往她家的那條路。由於那個區域只有一條馬路可以進出，不論白天還是晚上，總是會有車子經過。珍奈幾乎天天走這個路線，對每個轉彎，還有路上的每棟房子瞭如指掌。但那晚一切似乎都變得陌生和不同。天空沒有半點星光，路上也十分安靜，連蟋蟀的聲音都沒有。她清楚地注意到沒有任何一間房子有光，一向亮著的戶外汞燈也熄了。珍奈很熟悉這一帶，向來老遠就能看到的沿路屋子裡的燈光，那時卻萬籟俱寂，沒有半點生命跡象。路上空無一車，她覺得很不尋常。

接著她就看到了那個東西。一個龐然大物懸浮在右前方的樹頂上。那是個巨大的橢圓體，散發出非常獨特的亮橘色的光。光是包覆在橢圓形裡，並沒有往外投射。橢圓體上沒有標誌、窗戶、輪廓或其他顏色的光，就是純粹的橘色橢圓。乍看下，她以為那是夕陽，而光和顏色則來自雲的反射的錯覺。這是她想到的第一個解釋，只不過太陽早在幾個鐘頭前就下山了。接著她又想到流星和極光的可能。雖然一輩子從沒看過這樣的東西，她仍試著把這個物體與某個合理的事物連結。她減緩車速，慢慢靠近觀察。這麼做通常會很危險，因為路上會有其他車子開過，然而，路上卻一反常態地不見任何車輛。

車子緩緩地開向那個物體的方向，珍奈被那巨大的光迷惑住了。她後來看到一個她以為是死掉的動物在前面的馬路上。她開到那個東西的旁邊，停下車端詳，卻驚訝地發現那是隻被凝結成一個不尋常姿勢的普通家貓。牠蹲坐著，毛髮豎起，兩隻前掌舉在空中，往上凝視著那個吸引了珍奈注意的物體。那隻貓沒有死，只是怪誕地凍結在凝視那個物體的奇怪姿勢裡，幾乎是在呆滯（或說生命暫停）的狀態。那是珍奈遇到的唯一生命跡象，如果要這麼說的話。

她繼續慢慢地開，並一邊凝望著那個物體。當開到它的旁邊，它卻以一種奇怪的方式不見了。它的頂端和底部緩緩合而為一，上下匯聚後，就不見蹤影，樹頂再度是一片黑暗。珍奈用兩手比給我看（做手勢），我得到的印象是一隻巨大的眼睛垂下了眼皮。我問珍奈是否確定它不是往下降到樹的後面而離開了她的視線範圍。她說如果是這樣的話，她應該會透過樹叢看到它下降時的光。她很肯定頂端和底部合在一起，然後光就消失了。那個物體有可能仍在原處，只是處於無光的狀態。由於天空沒有星星，所以它有可能是融入了黑暗裡。不論是怎麼回事，珍奈接著便加速回家，比之前還感到困惑。她說她不曾覺得害怕，只是讚嘆、驚奇和納悶。她精明的心思一直試著想瞭解那到底是什麼東西。

當她把車開進自家車道時，她養在牢固圍欄裡的純種狗突然怒吼了起來。牠們吠吼嗥叫，咬著欄杆想要出來。珍奈說牠們是很溫馴的品種，以前從來不會這樣。通常她或別人進入車道，牠們叫都不叫一聲。但那晚她回到家時，牠們卻像瘋了一樣。我問她是否注意到車子或自己身上有什麼不尋常，她說沒有。

當珍奈進了屋裡看到時間，她吃了一驚。她將屋裡所有的時鐘都對過一次，每個時間都是一樣的。她估計自己只花了十五分鐘就回到了家。這太快了，沒有可能，尤其她又是用那麼慢的速度開車。她叫醒她先生，要他告訴她時鐘上顯示的時間，並要他隔天記得她回家的這個時刻。

珍奈說她後來會突然記起和那晚有關的事。她記得當自己第一眼看到那個物體時，前方公路有某樣東西從她車前快速飛過，同時，公路中央突然有道閃光。她描述那跟鏡子的反射光很像，忽地快速翻轉，並因此出現閃光。她不是很能清楚描述，但那讓她想起嘉年華會奇幻屋裡的鏡廳。

我們始終沒有進行催眠，雖然我相信這個故事還有更多內容。珍奈不願再更深入探索，因為她的生活有條不紊。她很投入她的事業，不想被任何事物分心或製造生活裡的混亂。她把這個事件看成一件怪事，雖然她可能永遠也無法瞭解，她還是要繼續過她的日子。

我的工作最重要的一點，就是當事人能夠繼續過他們正常的生活。不論他們有過什麼樣的經歷，我的目的是協助他們理解，並試著將那個經歷整合到他們的人生。如果揭露更多只會令他們困擾，那麼就最好不要再繼續探索。我也告訴那些出於好奇而想做催眠的人，有時他們可能會發現一些他們希望自己不曾去碰觸的事情，而資訊一旦被揭露，就無法再放回去了。在這種情況下，珍奈很可能是明智的，因為她不想瓦解她仔細規劃好的人生。

事情本該如此，我尊重每位個案的意願。

接下來的兩個案例，個案的意識都對事件留下了鮮明的記憶。在催眠下，這些記憶被增強，提供了更多的細節。

艾迪是三十多歲的勞工，對於要談自己的經歷很猶豫，她在女友的鼓勵下才肯開口。他看上去尷尬而且明顯不安，對錄音機也顯得不自在。我把錄音機放在桌上，我告訴他，只要再過幾分鐘，他根本就不會記得錄音機的事了。由於在訪談時，我們很容易忘記其中細節，使用錄音機可以確保故事的正確性，同時也確認意識記憶的內容，以便跟透過催眠所揭露的記憶有所區隔。這樣說著說著，艾迪終於放鬆下來，很快就忘了錄音機的存在。

他敘述的是一件將近二十年前的往事。當時他還是個十七歲的高三生，住在密蘇里鄉下的農場社區。有一天他去城裡找朋友，晚上在回家的路上。他駕著自己的老卡車行駛在鄉村的塵土小路，一路上房舍稀少，要隔很遠才看得到下一間房子。

當他第一眼看到那個光時，他還以為是戶外的水銀燈。有些農夫用水銀燈取代白熾燈，那是那個地區剛開始有的新東西。然而，那個地方通常是沒有燈的。當他朝那個光靠近時，他越來越清楚那不是農場的戶外電燈。因為光越來越亮，而且還越來越高。它朝艾迪靠近，停在他的上方，跟著他的卡車行進。艾迪把頭伸出窗外看。

就在大約離他家還有半英里左右的時候，那個物體突然移動到他的前方，在一群樹叢上方盤旋。那個時候，他可以看到它的形狀像個大鏡片，由裡而外透著橘色的光，中央有一個旋轉的帶狀物使得光一閃一閃，底部則是金屬的銀色。艾迪好奇地把車停在山丘下，下了車，坐在卡車的引擎蓋上，直盯著那個奇怪的物體瞧。他一點都不害怕，自己也覺得奇怪，但猜想這大概是因為他在鄉下長大，長時間待在戶外的關係。當他坐在那裡觀看的時候，一道藍光從那個東西的底部射出，照亮了下面的樹叢。它全然靜止地懸浮著，儘管紐帶在旋轉，卻沒有發出半點聲響。至於大小，艾迪估計它的寬度和我們現在所在的房間差不多，也就是二十五英尺左右（譯注：約7.6公尺）。

艾迪坐在那看它看了大約十五到二十分鐘。在這段期間，另一件怪事發生了。住在離他家約三英里的鄰居一家人，駕著他們破爛的卡車開來，車上有兩個大人和一群坐在後面的小孩。艾迪揮舞著兩隻手，指著上方，急切地要吸引他們的注意。由於他的卡車有部分車身停在路上，他知道他們一定看到他了。可是他們完全沒有減速就開了過去，就好像他是個隱形人似的。之後他雖然很想問他們為什麼沒有停車，卻怎麼也無法開口向任何人提起這件事。

回到家後，艾迪尖叫著跑上樓。他的父母原本已經睡了，突然被他驚醒。他要他們到窗戶往外看，但是那個光已變小到跟水銀燈一般，一瞬間就閃滅消失。不論他父母看到了什麼，都跟他目睹的大型飛行器相差甚遠。

那一整年，當地傳出了很多目擊事件，有些甚至是警察看到的，唯獨沒聽說有哪一起像艾迪那麼近距的目擊。艾迪怕被人嘲笑，因此沒有說出自己的經歷。「我是那種不需要那類注意的青少年。」我很能認同他的感受，因為我也一樣住在偏僻的鄉村社區，你會非常自覺鄰居是怎麼想你。

他說：「這麼多年來，我都把這件事放在心裡，想著自己大概是瘋了，或是有什麼心理上的原因才會虛構出這個故事，雖然事實並非如此。我的確看到了那個東西。我的心裡一直在掙扎。我不想接受自己看到的，也不想承認那是什麼。不過那個東西距離近到我認為一把好用的ＢＢ槍就可以打中它。每次我想跟某個人說這件事，我都會覺得對方心裡八成會認為我瘋了。我就是不想讓自己面對那樣的反應。」

許多人在報告自己的經歷時都有同樣的感受。在這個事件之前，艾迪從未讀過任何和幽浮有關的書。身為一個農場男孩，他對打獵和設陷阱比較有興趣。直到多年以後，他才開始從書裡尋找和他所見事物類似的事件。「我感覺到某種共通性。我找到了一些片段，但沒有哪一個是和我的體驗特別相似的。」

我有個感覺，艾迪對於向我透露這麼多感到不自在。我想他仍然覺得自己會被取笑，他不想讓自己陷於那樣的處境。我覺得他鼓起了很大的勇氣，才能對我，這麼一個陌生人說出埋藏多年的往事。

現在他放鬆多了，也同意接受催眠。我和他約好下週進行，看是否能獲得更多細節。

催眠下出現的新資料並不多。艾迪對那件事的記憶很正確。我決定問他的潛意識，取得他的意識沒有的資料。如果個案的出神狀態夠深，我們就能做到，而且通常會有出乎意料的答案。我想知道是不是有什麼艾迪的意識沒有察覺到的事。他的回答是他被灌注了某些東西。他們給他片片斷斷的資訊，也給了他指引。他不斷提到灌注，而當我問那是什麼意思時，他說了一個我不懂的字，我只能用拼音的方式把它寫下來：contruvering。這個字對我沒有任何意義，艾迪也說他不知道它的意思。他說太空船傳給他片段的資訊，幫助他發展和成長。那是很具體的東西，那些資訊被身體的細胞吸收，不過他並不知道那些資訊是什麼。

許多人以為自己既然有過目擊經驗，很可能也曾經被綁架，只是後來並不記得。我發現情況不一定如此。在某些案例，光是目擊就已足夠，因為下意識的資訊並不需要實際接觸便能傳送。一切都發生在潛意識的層面。因此，許多人以為自己的經驗僅止於目擊，但他們事實上經歷到的要多得多，而且以超乎他們所能想像的方式影響他們。

我問潛意識為什麼這事會發生在艾迪身上，回答是他很脆弱，他很天真，很容易受影響，因此會讓接觸比較容易。要跟物質心態較重或世俗的人溝通就比較困難。我被告知，「脆弱」或「天真單純」是描述容易的接觸對象的適切形容詞。令人訝異的是，個體相不相信這些事並不重要，因為他們的目標是要吸引這個個體的注意。他們在尋找機會，一個能進入個體、進入那個人核心的方式，這樣才能種下種籽。

我對他所說的種籽很好奇，他給了我一個奇怪的答覆：「那是他們的存在，他們一體性的種籽。我不是分離的。是一體，不是兩個，而是一個。種籽，或概念，經由光的注入被種在心靈裡。對整體的記憶都在細胞裡。只要有機會就能播種。我們跟他們都是一體。我們不是被創造成兩個，而是一個。他們要我們知道這點，……而那一晚，他（指艾迪）有機會看到我們。他是個植入資訊的理想人選。」艾迪的一生顯然還有別的時候也受到教導，只不過他沒有起疑。由於這些教導和概念直接進入他的潛意識，他對它們並沒有意識上的記憶，他只記得曾遇到動物行為異常的怪事。

「接觸」也常會透過動物的眼睛發生，因為牠們志願以這種方式被使用；透過驚奇的元素。艾迪在動物的眼睛裡看到一體的心靈／精神。在某些情況下，那不是真的動物，而是幻覺。之所以如此，是為了找到個案身上脆弱的地方。「那個人必須安靜。他必須停止他的世界。」外星人可以透過出其不意的元素讓人看到並不存在的事物。他們使人沒有提防。但我原先以為人類並不是隨時都在保持警戒，然而潛意識的答覆是：「你會很訝異，人們是隨時都在保持警戒。我們必須找到方法讓他們詫異。當那個人專注在某件事上，也許是個飛行器或動物什麼的，當我們吸引到他們注意力的時候，我們就能停止他們的世界。接著灌注才能發生。我們利用不尋常／驚訝這個元素。如果那個人照著平常的生活作息，我們無法吸引他們的注意力，那就起不了作用。必須要以某種方法轉移他們的注意力或焦點才行。」

我說這意味為了找到這些小縫隙，他們必須持續監控才行。他說確實如此。這也解釋了為什麼旁人看不到他們。因為那些人的世界並沒有被暫停。

他說：「不只動物可以被用來執行這件事，夢也可以。在這樣的情況下，那會是受到控制的夢境，有著不尋常的特質。也就是清明夢，那種比平常的夢更真實的夢。很多時候這些夢從頭到尾會伴隨著身體的感受，直到當事人醒來。這些夢常是彩色的，或是帶有恐懼，但都是有特色的夢。夢的內容並不重要。這樣的夢境會比平常的夢來得更生動鮮明。即使醒了，夢裡的一切還是很逼真與清晰。這樣的夢可能帶有恐懼的情緒，因為有時必須在作夢的人沒注意時擄獲他們的注意力，就像讓清醒的人出其不意一樣。恐懼是最強大的情緒，有時可被用來促成個體世界的暫停，不論是在夢裡還是清醒的時候。透過創造一種強烈的情緒，接觸會更容易發生。驚訝和恐懼這兩個要素會觸發意識和覺醒。恐懼只是暫時被拿來使用，但它必須要用得正確。它只是個（製造接觸）的機會，然而有些人卻緊抓著它不放。對許多人來說，恐懼比訊息本身更容易瞭解。人們其實沒什麼好恐懼的，但他們想要抓著那個情緒不放。許多人需要很多的恐懼才能暫停他們的世界，但那是他們的選擇。」

朵：聽起來，這些存在體以一種我們不瞭解的方式使用情緒。

艾：我們（指人類）也以我們不瞭解的方式使用情緒。

朵：所以真的沒有什麼好害怕的？

艾：對。那只是輕敲破殼，並沒有要造成傷害。

這次經歷還有個奇怪的情形，就是那輛滿載著人卻無視於艾迪的卡車。類似情況也出現在其他的案例。這個經驗顯然只是為了艾迪一個人，因為其他人都沒有察覺到天空上的巨大太空船和艾迪。這是最不尋常的部分。

我住在鄉下，只要看到有車停在鄉間小路的一旁，一定會停下來看看他們是不是需要協助。這是很一般的禮貌，因為鄉下的房子間隔遙遠，要找到人幫忙很可能會有困難。你永遠不會無視於一個進退維谷的鄰居，就這樣從他身邊經過。艾迪在那些人的眼裡顯然是隱形的。他陷在自己小小的時間扭曲裡，其他人則完全不受影響。這確實是很私人的體驗。

艾迪醒來後，想起一些和動物有關的怪事。其中一次發生在他在牧場幫忙父親的時候。當時他正駕駛一輛牽引車，突然有隻鴿子飛了下來，停在他的右前臂。他嚇了一大跳，也覺得當下好像有什麼事發生。另一回是他坐在玉米田時，一隻土狼走向他，開始圍著他繞圈圈。土狼對人類大多避之唯恐不及，因此這個現象很不尋常。還有一次，他在森林裡打獵，一頭鹿讓他走上前碰觸，一點都不怕他。在這幾次他感覺有些什麼事發生，讓他慢了下來。這使得他看待事情的角度不同了。

在幽浮案例裡，有很多人報告動物出現異常的舉止。作家惠特里．史崔伯稱部分案例是「簾幕記憶」（**screen memories**），即當事人看到的是動物的幻相，它其實遮蔽了真正在場的事物。我想這些事告訴了我們，接觸不一定是要具體或很戲劇性的，它也不一定是要和外星生物有實際的接觸。它可以在你最沒有預期的時候，以非常微妙的方式發生。它在意識留下了鮮明的印象，但就在心智的注意力被分散而沒有監控到資料的輸入時，更深奧的事就在潛意識層面發生了。

我自己就跟一隻貓頭鷹有過不尋常的經驗，我一直記得這件事，主要就是因為情況實在太怪異了。我不記得日期，但確定是冬天。我想那應該是發生在我完全投入幽浮資料以前的事，因為是直到簾幕記憶個案的出現，我才發現那件事的重要性。

事情大約發生在一九八八年前後。那天我去別的城市參加形上學團體的會議，開車回家時，已經過了午夜。我住在歐札克山脈一片林木覆蓋的山頂，那是個很偏遠的地方。住得偏遠對我來說並不是困擾，因為我經常旅行演講，很多時候都在這世界的繁忙城市裡。經過許多忙亂的活動之後，我很享受回到家的孤獨。上山的路程有四英里，沿途只有大約五棟房子，我家離最近的鄰居有一英里，因此這一路上都很暗，我也已習慣了在晚上看到野生動物出沒。

當車子開到山頂，我剛經過最後一位鄰居的柵門。就在我快到家的時候，車頭大燈照到了一隻站在路中間的大貓頭鷹。我朝牠開近，牠一動也不動。牠就站在那裡，顯然是被車燈迷惑住了。牠的頭跟我車子的擋泥板同高，所以我可以清楚看到牠和牠那一眨也不眨的大眼睛。我按按喇叭，又靠近了一些。我不想傷害牠，只是想要牠離開道路。牠轉過身，張開大大的翅膀，非常貼近地面地飛了起來，降落在車燈剛好照射不到的地方。我再一次向前，牠仍保持不動，等我逼近了面前，才又飛了一段很短的距離再降落，然後轉身面對車子。這個情況一直持續到我開到了柵門前面為止。牠會停在我車子前方的幾個不同地方，定睛凝視著我，每次都要好幾秒之後才肯移動。

這個場面實在很奇特，所以我笑了。我不怕牠。我只是不斷和牠說話，請牠離開，因為我不想輾到牠。但牠非得要我靠近並按喇叭，才肯動那麼一下，所以我連續這樣做了幾次。由於牠不斷停下來，又低飛掠過地面一小段距離後降落，我行進的速度因此慢了許多。終於，在最後一次牠飛到了車道入口的另一邊，然後站在那裡，看著我轉進去。

我告訴女婿關於貓頭鷹的奇怪行徑，他認為很不尋常，因為貓頭鷹不會那樣。我的女婿懂得設陷阱、打獵，他對這片森林裡的動物行為非常熟悉。他也說到那隻貓頭鷹聽起來體型非常巨大。

後來，當有簾幕記憶經驗的個案，特別是那些和貓頭鷹有關的個案出現以後，我認為很有趣。我不認為我的經驗是屬於簾幕事件，因為我當時並沒有感到恐懼，只覺得有趣。此外，我很確定自己並沒有消失的時間，因為進了屋子後我還看了時鐘，過了一段時間才上床睡覺。

直到多年以後，在一九九六年的十月，這個事件才帶著一絲不安重新浮現。那時我剛完成在蘇格蘭和北英格蘭的巡迴演說，有時間可以在倫敦待上幾天，先好好享受難得的無事一身輕，再去英格蘭南部的多塞特（Dorset）演講。

我對放鬆的想法大概和一般人不一樣。我利用那段時間去了倫敦的自然歷史博物館。博物館和圖書館是我最喜歡的地方。我從佇立著重建的巨大恐龍的大廳，走到將每個動物種類都保存在展示箱裡的旁廳。我在博物館裡連晃了好幾個小時。當我走到鳥類的展示廳時，我著實嚇了一跳。所有種類的貓頭鷹都被放在同一個展示箱裡展示，然而，其中居然沒有一隻和我多年前在杳無人跡的路上看到的貓頭鷹一樣巨大！沒有任何一隻是可以高過擋泥板的。我震驚到一股寒意往下竄過背脊。我驚訝地看著牠們，滿腦子都是困惑和疑問。

那晚我在路上究竟看到了什麼？那跟我在調查的那些經歷類似嗎？那晚還發生了別的事嗎？

我從來沒有這麼懷疑，一直只當那是件怪事。但現在我知道了，如果還有別的事發生，那也是為了我即將要做的工作所進行的簡單和溫和的準備，我完全沒有必要害怕。我的意思並不是說這是跟外星人接觸的例子。我只是說，它跟之後我調查過的案例有著不尋常且令人驚訝的共通性。至少，它已在我心裡浮現問號。

本書其他章節提到，一旦他們吸引了你的注意，外星人可以讓事情在瞬間發生。而究竟有多少事可能在我們意識不知道的狀態下發生，實在是不可思議。

我調查過另一起發生在小岩城的事件，當事人是位女性，她在交通尖峰時段經過一條繁忙的公路去上班。她看到一艘膠囊形狀的巨大飛行器驟然出現在前方空中。她以為大多數的車子會因此發出刺耳的煞車聲，然而卻一切如常。人行道上有人在慢跑，她瘋狂地從車上對他們揮舞喊叫，不斷往上指，想要吸引他們的注意。但他們繼續慢跑，宛如她是隱形的。她把車子停在人行道路邊，看著那艘飛行器做了幾個猛烈的旋轉後飛走。它是那麼的巨大，但其他人卻完全沒注意到。她沒有被綁架，也沒有別的事情發生。

這起事件跟我調查過的另一個案例雷同，而那個案例是一九九七年在半個世界之外的英格蘭所發生的事。這些外星人有能力創造出不讓別人目擊的個別體驗嗎？本書後面會更詳細的探索另一個類似案例。

顯然地，有相當多的事一直發生在我們身上——在另一個層面。只有當某件事的發生，讓意識注意到了之前經歷的事，我們才會感到不自在。我認為，既然我們大多沒有察覺在另一個層面發生的事，而且也不能做些什麼，那我們就不該擔心，以免容易變得疑神疑鬼。

希望有朝一日我們將會發現，這一切其實都在計畫之中，所謂看似瘋狂的舉動背後都有它的目的。

這些事件和珍奈的經歷似乎是不同的類型。艾迪的世界裡仍有動作，珍奈的沒有。她周遭的世界停止了，私人的世界則繼續運作。她像是比她平常存在的次元移動得更快。世上的一切之所以看起來都停了下來，是因為它們以較慢的速度在行動。珍奈就像是在不同的次元之間快速地滑進滑出。以下是另一個案例。

當凡勒莉第一次告訴我她的幽浮經歷時，我不是特別感興趣，因為我當時還沒深入探索這個領域。那似乎是個平常的目擊經歷，直到她開始重新敘述某些不尋常的情境。

在一九八八年的冬天，當我為她進行這次催眠療程的時候，我在這方面的調查已更為投入，我決定要對這個案例多問些問題，以便留下紀錄。現在的我看得出來，這和我前面提到的兩個時間扭曲的案例是相關的。

三十多歲的凡勒莉是在附近小鎮工作的女理髮師。我在她休假的時候去她家，請她對錄音機複述經歷。事情發生在一九七五年左右，她那時還住在阿肯色州的中西部，一個叫史密斯堡（**Fort Smith**）的中型城市的郊區。那天，她的朋友來找她，到了凌晨兩點，朋友們多已打道回府，有個女孩等著凡勒莉開車送她回城裡的公寓。她們是在沿著一些小巷，朝公路開去的時候，看到了那個奇怪的物體。

那是個很大很亮的白色發光體，比月亮還大。為了看個仔細，凡勒莉把車停在街邊。她們離一個陸軍基地不遠，因此猜想那個東西可能跟軍隊的夜間行動有關。由於那個物體是傘狀的，凡勒莉一度以為是降落傘，但沒多久便看出它不是那麼一般的東西。就在她們盯著那個物體瞧時，它突然快速地筆直飛來，在車子上方盤旋。凡勒莉被嚇到了，她倒退車子，掉頭朝城市的方向開去。

當她開到公路上時，白色的發光體移動到乘客座的旁邊，跟她們同步移動。它沒有固定的形狀，似乎會變形，不過從頭到尾都非常白、明亮、而且發光。凡勒莉加速駛去，決心要儘快開到市區。接著她注意到一個奇怪的現象：雙線道上完全沒有車輛，也沒有燈光（聽起來跟珍奈的經歷出奇地雷同）。這個不尋常的狀況一直持續到她駛離公路，轉向市區為止。她看到街燈在她靠近的時候，一盞接著一盞地熄滅，所幸她還看得到路面。沒有東西在動，草和樹木全都靜止，呈現一片怪異的死寂。她們沒看到任何貓、狗、其他車輛、人，或是房子裡的任何燈光。就好像她們是這個世界上僅有的兩個人，感覺有如「陰陽魔界」般詭異。

凡勒莉形容那個情況很像是在真空裡，沒有聲音，沒有動作，什麼都沒有。她們經過的區域，街燈都是滅的，然而有個柔和的光芒從她們的上方某處散發出來。

她們決心要到有人的地方。她們經過一座大型購物商場，那裡有家通宵的餐廳。這時候那個物體在商場的上方盤旋。當車子經過那家二十四小時營業的餐廳時，她們發現裡面一片漆黑，四下無人；完全沒有任何生命跡象。她們繼續開著，一路上沒有遇到任何車或任何人。雖然已經很晚了，但通常城市的街道這時候還是會有人。

情急之下，她們決定去一位友人位於鬧區的辦公室。那個朋友經常工作到很晚，她們知道他一定還在。當她們進到辦公室時，她們的世界又恢復了正常。她們沒有告訴友人路過的真正原因，在那裡也只停留了一會兒。然後凡勒莉就送她的朋友回到公寓。

在她朝著公路，往自己家的方向行駛的時候，那個物體又出現了，就好像一直在等著她一樣。原先在辦公室和開車去友人公寓時，一切都很正常。現在那個光又回來了，在駕駛座的旁邊跟她同步前進。她急忙返抵家門，開進車道後，那個物體才突然間加速離開，一下子消失在夜空中。凡勒莉說，它一開始和離開的速度都那麼快速，看起來絕對是受到控制。

經過討論，我們決定進行催眠，好找出事件的更多細節。她很快回想起一些小事，包括那個女孩的名字（她的意識想不起來）、她們離開房子的確切時間、車子的樣式和年份，還有她對在那麼晚還得開車送對方回家的氣惱。她的呼吸明顯加速，激動地描述乍見那個物體以及後來瘋狂朝市區開去的情況。她對她的朋友說：「開這麼快真是蠢。如果它想抓我們，哪有可能抓不到。」她試著到城裡有人煙的地方，想要找到目擊證人。她在催眠下所描述的，跟她意識的記憶非常貼近。

凡：我們知道只要進了史密斯堡，一定會有人。靠近商場的地方總是有輛巡邏車，也總是有人在珊寶餐廳吃東西。反正我們本來就會經過那裡。……真的很怪。沒有東西在動。沒有車，沒有動物。什麼都沒有。好詭異。感覺我們像是在扭曲的時間裡，好像陰陽魔界。可是街燈……我們前面好像有燈，可是……當我們到了那裡，燈就沒了。就像電力出了問題。我們到了商場區，那個東西就在建築物上面。我想把它當成月亮，可是是很奇怪的月亮。它會改變形狀，所以不可能是月亮。

朵：它變成什麼形狀？

凡：我無法精確的告訴你。它不像月亮那樣圓圓的。它比較橢圓，但沒有清晰的輪廓。它是白色的，發著光。——珊寶餐廳裡沒人。

朵：你能聽到你車子的引擎聲嗎？

凡：聽不到。我們什麼都沒聽到。我想我們的心臟跳得太快了。（笑聲）

她醒來後說，她真的感到心跳加速，像是又重新經歷了一次事件，並體驗到所有的身體徵狀。

凡：所有的一切像是在扭曲的時間裡，除了我們。車子還在動。我們可以聽到彼此的聲音。車子以它該有的方式運作。此外沒有半點聲音，靜悄悄的。這太奇怪了。

整個路程不見其他車輛，也沒有任何生命跡象。她們決定要去朋友的辦公室，當一轉入通往那裡的街道，一切似乎就恢復了正常。應該有燈的地方都亮著。到了辦公室，她們想告訴朋友這個瘋狂的經歷，卻因為那裡的每件事都很正常，反而覺得自己的故事荒謬之至。

送那個女孩回到公寓後，凡勒莉朝自己家方向的公路開去。那個物體又出現了，陰陽魔界的氣氛也回來了。再一次地，沒有聲音，沒有車，沒有燈光，沒有人，儘管在辦公室時一切都是那麼正常。

凡：我必須開車回家。所以……我就開車回家。那個光還在跟著我走。它似乎沒有惡意，但我仍然很怕。正發生的這件事很怪。——我要格琳達答應我絕不要跟別人說。我不要別人以為我瘋了。我不想被關起來。我要她承諾不會告訴別人。——我回到家，轉進車道。那個光在我眼前唰地一下子離開，就跟它第一次出現時一樣快速。不見了。

她在催眠下所記得的記憶與她的意識記憶差不多。我知道唯一能得到更多資料的方法是要求和她的潛意識說話。於是我問它，凡勒莉在開車但感覺不到有光或動作的時候，究竟是發生了什麼事。

凡：檢查。那是對這個實體的觀察。她這趟旅程從頭到尾都被觀察。那段經過是確有其事。太空船是在她開車的時候，觀察、接收能量模式並做檢測。

朵：那是怎麼做到的？

凡：噢，不難。

朵：她的身體被帶走了嗎？

凡：沒有。那個設備在技術上很先進而且效應深遠。事實上，這種事常有，不用移動載具（指身體），就能進行檢查或觀察。

朵：這種檢查有什麼目的嗎？

凡：只是資訊。不是壞事。

朵：為什麼她覺得自己在扭曲的時間裡？

凡：她的確是在扭曲的時間裡。

朵：你能說得詳細一點嗎？

凡：這個事件裡轉移（指資訊）的能量和動力影響了她對模式的認知。影響了她對周遭環境的認知，就好像時間被暫停了。

朵：可是她覺得自己真的在開車。

凡：她是在開車。

朵：她也認為她能覺察到周遭的環境。

凡：是的。但你也知道，朵洛莉絲，有更多的事發生在不只一個層面。許多事能同時發生。你知道的。

朵：我越來越能意識到這點。

凡：這只是同步時間事件的另一個例子。

朵：我對沒有燈光、車輛和其他東西這件事很好奇。你的意思是，在她當下的環境之外，時間真的暫停了？

凡：是的，但這並不會妨礙到這個世界。高於這些事件的力量不過是暫時停止了路上的事。你瞭解嗎？

朵：我在努力瞭解。你是說就好像一切都凍結了？

凡：是的。只不過那是非常瞬間的，什麼都不會被影響。

朵：其他人的生活一點都不受影響？

凡：對。

朵：可是真的沒有燈光嗎？

凡：對，有瞬間是真的沒燈光。

朵：是能量造成的嗎？

凡：是的，沒錯。

朵：其他人會注意到沒有任何燈光嗎？

凡：不會。這個模式，這個觀察只發生在這一個人身上。還有她的朋友。

朵：所以如果有人在外面看，對他們來說是一切如常？

凡：這裡的時間要素就是那時沒有人從外看向裡面。

朵：你的意思是那裡沒有人？

凡：什麼都沒有。那就是一剎那，一閃而過，就只是個片刻，就好像都沒有人似地。

朵：所以在那一刻，這個情境中並沒有其他人。

凡：沒錯。

朵：所以時間被濃縮了？（是的。）實際上時間過得比她以為得少。（是的。）所以時間不是流失，反而是被濃縮了。

凡：對。對她來說，那似乎是很長的時間，但其實不然。

朵：可是在那個瞬間有傳遞了什麼嗎？

凡：對於靈魂記憶模式的觀察。光。觀念的制約。思想的過程。條件作用。有關人類接收和傳送能力的制約情形。還有因為透過條件作用和訓練而在意識心所產生的模式的衝突。以及關於這些存在體是誰的**實相**。你瞭解嗎？

朵：資訊是雙向交流嗎？

凡：是為了促進理解的互換，雖然很令人害怕，但她一直很清楚的是，那其實是極大的祝福，可以說是個禮物。那是去承認不被社會所允許的概念，是去認知到更偉大的生命，以及比**現況**更豐富的事物。

朵：這跟那個朋友也有相互作用嗎？我的意思是，兩個人身上都發生了這件事嗎？

凡：很難說這輕微的推動對另一個人有什麼作用。我比較能直接說明這一個人(指凡)的狀況。不過，顯然觀察不只和這個載具有關，也跟和她在一起的人有關。這樣才合理。否則她應該會是一個人。……所以這是在收集資訊。

朵：但是有交流嗎？換句話說，存在體也對她發送資訊嗎？

凡：是的，在較深的層面上。不是在意識層面。

朵：但沒有傷害。

凡：噢，沒有，沒有。沒有傷害。

朵：有些人這麼相信，相信那是有害的。

凡：對，但那些人是迷失在夢的狀態裡。他們在許多方面都處於混亂，糊裡糊塗的。

朵：你可以告訴我跟太空船或那些收集資訊的外星生物有關的事嗎？

凡：不能。我只能告訴你他們是好的，善良的。

朵：傳遞資訊給她是要讓她在生活裡使用嗎？

凡：是的。她的內在知道，還因此對自己的恐懼感到尷尬。

朵：但是對不瞭解的事物感到害怕是人性。

凡：對，不過她想要勇敢。

朵：她會被選中是有什麼特別的原因嗎？還是她只是剛好在適合的地方？

凡：隨著那道光的傳輸，許多光體都振作起了精神，可說是被提升了。這些靈魂的意識跟他們的兄弟、姊妹，還有神的其他存在體都是連結在一起的，甚至在他們的意識覺醒前就已連結。

朵：所以不是因為她剛好在那裡。這件事是有計畫的？

凡：永遠都有個計畫。

朵：我一直在和童年時就有過這類經驗的個案合作。

凡：事件發生是因為他們**剛好**在那裡嗎？

朵：不是，他們的情況不是。

凡：對吧。你認為有人是因為剛好在那裡的嗎？

朵：我不知道。我還在努力學習。不過這顯然是件好事。對她有幫助。

凡：**的確**是為了她好。一切都和我們怎麼使用和用它來做什麼有關。

朵：她傳輸給他們的資訊應該也能增加他們的理解，這也是件好事。

凡：噢，沒錯。他們的理解超越以往了。有很多資訊進入這個人。只是資訊通常是由別的認知來推動。

朵：有件事一直困擾著我。我似乎只接觸或遇到**正面**的經歷。可是我聽過有人有過負面的體驗。那是因為也有負面的存在體嗎？

凡：我的看法不是這樣。我的看法是，他們之所以蒙上了一層負面的概念和說法，是因為他們的意識創造出那些故事。故事在被創造的過程中受到太多的扭曲。

朵：那麼你認為是恐懼和類似的情緒影響了他們的認知？

凡：當然。恐懼是唯一創造出黑暗和負面的東西——恐懼底下還有一連串事物，但它們不及愛、生命和上帝。

朵：那麼你認為他們的經歷是真的，但意識將事情認知為負面的？

凡：**我**認為有這個可能，不過我並不是無所不知，我不是全知的。

朵：那麼就會衍生出一個問題：既然意識心可以被欺騙，誤以為那是負面的經歷，那麼它是否也能將負面的經歷誤以為是正面的？

凡：不能。它無法被愚弄或誤以為是正面的經歷。你瞧，差別就在這裡。那些我們認知為正面的事物，我們認知為良善，認知為神。而那些我們認知為負面的，是幻相／錯覺，是夢的狀態。因此，如果我們認知它為正面的、良善的、神的，那麼我們的認知就是正確的。如果我們把它認知為負面，那麼事情是有可能是負面的，但只是因為它被轉變成負面的。也就是它被認知和被使用的方式。(因為)缺乏理解。你瞭解嗎？

朵：瞭解。這正是我相信的。只是有些人認為他們被這些存在體傷害。

凡：有些人相信自己受到這些存在體的傷害，還有他們的鄰居、朋友的傷害，這是他們的認知。我們必須瞭解並漸漸領會，所有的事情都是好的。如果我們的認知是出於恐懼，那麼它就只會是負面的。恐懼會扭曲和污染。我只能告訴你我最深處心靈所說的話。而在那最深處的靈魂說，如果我們出於恐懼回應，事情就會是負面的。

朵：也許那是為什麼我只遇到正面的經歷。

凡：我認為選你真是選得很好。

朵：我也被告知基因實驗和基因工程的事。有些實驗的成果看起來不像人類。

凡：我相信基因實驗正在這個星球上發生，不過是發生在人類身上。

朵：這是個有趣的概念。你是指地球上有人在朝這些路線做實驗？

凡：對，不過這不會被容許繼續下去。我所掌握的資訊是，確實有來自其他星球的存在體在地球層面，他們是為服務人類而來。相較於人類，他們有許多方面都更先進。人類是造物主的共同創造者。他能創造出他的心靈讓他創造的所有事物，而創造若不是出於愛就是出於恐懼。來自另一個地方、另一個星球的人，我們的兄弟姊妹，是出於愛而來，出於對人類的愛，對地球這個星球的愛，對宇宙本身的愛。他們在我們需要的時候出現，在我們覺醒的時候出現。

凡勒莉的潛意識說，她從未與太空船或外星存在體有過真正的接觸。唯一有過的接觸是資訊的交流。

凡勒莉醒來後還記得第一部分，因為那是對事件的再一次真實體驗，但她對最後我跟潛意識的對話並沒有印象。聽到錄音帶那部分時，她很驚訝自己說了那些話。這很典型。潛意識提供資訊時，個案不會記得。每次聽起來都像是透過別的存在體在說話，潛意識也總是用第三人稱指它所具有的身體，而不以「我」自稱。它永遠都是那麼抽離，因此能夠進行分析而且保持客觀。

第三章　事物的表象並不可信

惠特里．史崔伯是第一位在幽浮與外星人的連結上，使用「簾幕記憶」這個名詞的作者。這是指對事件或事物的不正確記憶。有個什麼被加了上去，重疊在真正發生的事情上面，心靈因此用不同的方式去解讀。它通常是以一種比較安全和溫和的方式去詮釋，因此當事人不會受到驚嚇或創傷。剛聽到這個名詞時，我猜想這是潛意識心靈的防禦系統，將它認為對心靈有害的記憶或事物的真實面向，隔絕在外的一種保護方法。

簾幕記憶通常與動物有關。我遇過幾起這類案例，發現實際所發生的情形被加上了一層「覆蓋」，也就是我所謂的「裝飾的表層」。不知為何，貓頭鷹在這個現象裡顯得特別重要。《地球守護者》裡的菲爾就曾在深夜的馬路，被一隻貓頭鷹嚇到；牠朝公路俯衝，飛掠菲爾的車子。透過催眠，我們發現那根本不是貓頭鷹，而是在公路上的外星人太空船和小小人迫使他停車，他的潛意識則用較溫和的方式偽裝那個場景，不讓他記得真正發生的事。

接下來我要描述的「覆蓋」記憶似乎和消失的時間有關。我認識布蘭達已經好些年，她是我跟諾斯特拉達姆斯合作的主要連結。就在我們的工作進行得如火如荼之際，我開始當起幽浮調查員，使用催眠來調查可疑的綁架案例。一九八九年一月的某天，我去她家進行我們固定的催眠，她告訴我一九八八年三月發生的一起不尋常插曲。她認為那件事很古怪，但出於某些原因，之前一直沒有對我提起。她看到我現在對幽浮現象比較投入，認為我應該會感興趣。她並不知道那跟幽浮或外星人有沒有關聯，不過絕對跟消失的時間和貓頭鷹有關。

那天她下了班，正從費耶特維爾開車回家。這段行程通常會花上半個小時左右。事情發生時，她位於鄉間的家就近在眼前了。當時太陽已經西落，只是天色尚未全暗。她轉過一個彎，忽然看到一隻貓頭鷹在她那條線道的正中央。那不是我們這個區域常見的棕色貓頭鷹，而是明亮的白色貓頭鷹，胸口有著顯眼的銀色，一雙深黑色的眼睛，非常漂亮。布蘭達不想撞到牠，於是放緩車速，心想那大概是在北部幾州或加拿大等氣候寒冷地區常見的「雪鴞」。後來有位動物學家友人告訴我，寒冬的阿肯色州的確有可能見到雪鴞，不過不可能遲至春天還看得到。如果那真的是的話，確實是非常罕見的情形。

布蘭達見到貓頭鷹的第一眼，牠的臉是面向另一個方向，但接著就轉頭看向她，拍拍翅膀朝貨車直飛而來。牠的翼幅與擋風玻璃一樣寬，因此嚇了布蘭達一跳。當牠低空掠過貨車頂時，布蘭達轉過頭去看後車窗，卻什麼也沒看到。貓頭鷹就這樣消失，也沒有任何鳥蹤。布蘭達轉回頭來面向擋風玻璃，驚愕地發現天已經黑了。她閃過一個念頭：天色未免暗得太快了。她非常困惑，不得不打開車燈，駕駛最後四分之一哩的路回家。當她進到家裡，習慣性地看向時鐘。時間照理該是五點半左右，但實際上卻已近七點。中間那一個半小時怎麼了？布蘭達非常確定自己下班的時間，因為她只在夏天才會加班。

她覺得這件事很怪，也聽說過這類怪事發生時，有些事情會被意識記憶封鎖。

我問她有沒有注意到其他不尋常的事情。她記得的部分主要是事件過後的幾天，她對電器有種奇怪的影響力。這種事過去偶爾也曾發生。由於她個人的電場還是什麼的，她沒辦法戴錶。不過她的感受卻是第一次這麼深刻，因為效應持續得特別久。這一次所有的電子設備都失常了。那幾天她只要動一下，電視的焦距就會一下失焦一下清楚。上班時，電腦畫面不斷跳動，時鐘和計算機都怪怪的。她認為她的電場比平常更強烈地跟電器互動，她對聲音也變得更敏感。她的自然聽力擴大到比正常聽力更高的範圍，聽得到較高的音頻。接連數日，她對多數人聽不到的高音頻特別敏感。電話也是一件怪事。她說電話響起前會發出高音調的嗶嗶聲，但大多數人都聽不到。因此她會在電話響前就先接了起來。她的上司很困惑，忍不住說：「拜託，布蘭達，別那麼急躁，你也先讓電話響再接吧。」

她也能聽得到某些店家的保全系統所發出的尖銳高音，聲音之大，她的耳膜都痛了，然而也只有她一個人聽到。她只能試著在情況恢復正常前，儘量遠離購物商場。

在家的時候，如果她要替時鐘上個發條就可以把它毀了。辦公室的鐘是電子鐘，她不需要去動，但只要她和電子鐘在同一個房間，它們就會失常，而且再也無法完全正常。辦公室裡微波爐上的時間也會有問題。當布蘭達要按計時器上的數字，微波爐就會發出很吵的嗶嗶聲。甚至連碰都還沒碰，只要朝它靠近就會這樣。她對電子設備的奇怪效應持續了整整四天才恢復平靜。

我們決定把這次的催眠用來探索那段消失的時間，看看當時是否發生了什麼事，而不是依慣例跟諾斯特拉達姆斯聯繫。布蘭達認為，即使發現有什麼怪異的事情發生，她也不會覺得困擾。

開始催眠後，我引導她回到一九八八年三月下旬，她立刻進入駕著貨車回家的場景。一路上，她都在談白天的工作，還有她有多擔心不久前剛出車禍的母親。這些都是她在開車時的思緒。她很疲憊，急著想回家洗個熱水澡，好好放鬆一下。

轉過一個彎，就快到家時，她看到某個東西站在她那條線道的中央。她停下車以免輾過去。她的意識記得她是減緩車速，但現在她說她完全停下車來。另一件令人訝異的事，是她在路上看到的不是貓頭鷹。

朵：馬路上是什麼東西？

布：很難說。我想如果我們活在古時候，我會說那是個天使。

朵：（驚訝）天使？

布：或許是來自較高層面的存在體？我看到一個男人站在我那個車道的中央。他散發著白光……全身上下。他的衣服看起來也是白色的。

朵：你的意思是那個光像是環繞著他的氣場？

布：差不多。（她有困難說明）有點像是稍微過度曝光的黑白照片。你知道，就是全身的顏色都很淺，然後散發出白光。

朵：那個光和燈光不一樣嗎？

布：嗯……很難形容，因為它有點像燈光，也有點像氣場。又有點像是曝光過度的照片，或許這些全部都有，都融合在一起。

朵：他的衣服也是白的？

布：我看起來是。但有可能我看的顏色不是很正確，因為他周圍好亮。就連他的頭髮也散發著白光。

朵：你看得到他的五官嗎？

布：很難，太亮了。我頂多只能說看起來像是經典的希臘雕像上的古典希臘五官。非常均勻，平坦的額頭和漂亮直挺的鼻子，還有很均勻的五官。

朵：他大概多高？

布：六呎，六呎二吋。

朵：那麼他很高大。

布：是很高頭大馬。他站在那裡往四處看。我看到有光從他的眼睛散發出來。當他向我看過來時，我看不到那些光。可是當他往旁邊看時，我就看得到他眼睛射出的光線。我不知道那些光有什麼作用。他看到我。我已經停下車了，這樣才不會撞到他。我不想傷到他。他向貨車靠近，朝駕駛座走來，一邊走一邊對貨車做了個手勢。他揮動他的手，就揮了一次。(她緩緩地揮動左手)朝著跟貨車引擎蓋平行的方向，然後再往上跟擋風玻璃平行的方向。他揮手的時候，手是在車子上方約六到八英寸高的地方。

看樣子，她的意識心是把這部分記成貓頭鷹低飛掠過貨車。那隻貓頭鷹顯然是來自她的意識所製造的覆蓋物，因為她在出神狀態時，毫不遲疑地指出對方是人，一次也沒提到白色貓頭鷹。

布：我搖下車窗，看他是不是需要搭便車或什麼的。

看到這麼不平常的人，會有這樣的反應似乎很奇怪。對方若看上去是個平凡人，這麼反應會很正常。但情況並非如此。搖下車窗對一個發光的存在體説話絕對不尋常，踩油門離開現場才是預期中的反應。但布蘭達顯然不覺得害怕，也不認為會有危險。我問她是否感到困擾。

布：這是很怪，但我對他是誰還有他在做什麼很好奇。我想如果他想傷害我，大概早就殺了我吧。他發出這麼多光，眼睛又會射出光線，我想如果他要從他站著的地方直接除掉我並不成問題。

朵：所以你不怕他？

布：嗯……我很忐忑，也許有點緊張，不過沒有驚慌失措什麼的。我問他是不是需要幫忙，還是需要搭車去別的地方。他説：「噢，祝福你，孩子。我感謝你伸出援手。我的交通工具就在那裡。」他指向馬路旁的山丘。

朵：你有看到什麼嗎？

布：沒有。我只看到山丘，上面有幾棵雪松。他的手勢給我一種那裡有東西的感覺，在山丘比較遠的那一邊，也許要越過山頂。那裡無論如何都超出了我的視線。

我常去布蘭達家，所以開車經過那條路很多次。在這次的經歷之後，我特別注意那座山丘。它在一個農場的中央，離馬路不遠，頂端有幾棵樹，附近沒有房舍。因為不高，所以如果飛行器要藏在從馬路上望過去而不被人發現的地方，體積一定不大。除非他做了什麼，讓人類看不到。

布：我問他：「你是誰？我沒辦法不注意到你的外表和我不一樣。你是外星訪客還是從較高層面來的？」他說他來自長老議會。我問：「那是怎樣的議會？議會通常是提出建議或是管理一個團體什麼的。」他說有不同的訪客造訪過地球各個地區，帶回了有關地球發展進度互相矛盾的報告。有個團體贊成與人類公開接觸，另一個團體支持讓人類保持現在這種無知的狀態。由於他是長老議會的成員，他們決定由他過來親自看看地球上的情況。這是個相當秘密的任務，你也可以說是個發現真相的任務，目的是取得更多的資訊，以決定是否讓地球保持無知，還是要與人類接觸，把人類帶入光、健康和知識裡。

朵：那就是你所謂的「無知」嗎？(指不知外星人的存在)

布：嗯……雖然人類懷疑，而有些人希望或夢想著有外星生命，但通常就政府官員的顧慮而言，並沒有外星生命這種東西。這是他們(指外星人)所謂的無知，是指不接受事實。他們在考慮用人類可以應付的方式與人類接觸，讓人類不再懷疑有外星智能生命的存在。在人類(的文明)能追上他們，能夠加入他們以前，外星人一直過著自己的生活。

朵：他和你溝通的時候是開口說話嗎？

布：不完全是。我想你可以說那是「以聲音表現的心靈感應」。我可以非常清楚地聽到他說的話，好像他真的在說話似的，可是他的嘴巴沒有在動。我想他是把他的念頭投射到我的心裡，在我的認知裡變成非常悅耳的聲音。

朵：接下來呢？

布：他說他必須繼續做他的事，我則需要回家。我幫不了他的忙。然後他又一次在我的眼前揮手。當他揮手的時候，我想是因為他的心靈力量，後來我就看不到他了。我也不再記得這個經歷了。

朵：我很想知道他為什麼會在馬路中間？

布：我始終沒能確定。我的印象是他去了很多地方，觀察人類和所有正在發生的事。我感覺他想知道在路上遇到一般人會發生什麼情況，想看看我會不會驚慌地跑掉，還是受到驚嚇而做出類似攻擊的舉動。

朵：嗯……大概有些人會這麼做。

布：沒錯。但我想你會說他是在做平均取樣。他四處出現在不同的人面前，再讓他們忘了這個經歷。他記下他們對他外貌的反應，試圖瞭解當人類知道外星生命存在時，普遍會有的反應。

朵：他在卡車旁邊的時候，你有沒有看到更多細節？

布：哦，他的全身都很白很亮。他的衣著風格基本上很寬鬆舒適。像是一件有帶子的長袖衣服，還有個披風之類的。他的腰上繫了條腰帶，衣服好像有幾個小袋子和口袋，讓他可以隨身攜帶東西。他的腳上穿著布靴，雖然大約有一寸厚，看起來卻很柔軟和有彈性。他穿著輕飄飄的袍子，但有兩或三層，所以在這個季節他看起來很暖和。衣服像是用織得很精美的羊毛或類似的東西製成的。

朵：他有頭髮嗎？

布：噢，有。看起來是白色的直髮，前面有修剪過，後面大概長到肩膀。他太耀眼了，所以我看不清楚他身上有沒有別的顏色。他的皮膚和頭髮看起來都很白，眼睛看起來是銀色的。鬍子刮得很乾淨。

朵：他的眼睛還有發出光嗎？

布：沒有，和我說話的時候沒有。但他在看四周景色時，眼睛會射出光線。

朵：但不會讓人害怕，只是很奇特。

布：真的很奇特，但我很開心，因為他不介意我問問題。

朵：你還問了他什麼問題？

布：我問他外頭是否真的有生命，還是只是我個人的一廂情願。他說：「沒錯，外頭真的有生命，而且有許多不同的種類。」有各式各樣的生命，不同的外表和能力。有幾個種族的外星人期望人類能發展出牢靠的太空船，好加入他們，成為銀河社群的一份子。他說不同的種族有不同的特徵。有些種族比較好戰，有些種族生性愉悦和幽默。然後他說了些我認為奇怪卻讓我覺得有希望的話。他說：「你不久後就會知道這些了。」所以我想那是指在我這輩子的時候，人類或許能夠到其他的星球。

朵：我很好奇議會在哪裡？你有沒有問他？

布：他說沒有特定的位置。他們就是在所有成員決定的地點碰面。我得到的印象是他們有一艘太空船，很大的船，他們最常在那艘船上碰面，進行他們的事務。議會成員來自不同的星球，代表著好幾個不同的種族。

朵：你說他有人類的五官。

布：對，他看起來像人類。我問他：「外太空那些星星上的生命是不是有各種難以想像的形式和樣貌？還是基本上都跟人類相似？」他說我們會發現兩者都有：有和我們類似但略為不同的生命，還有完全不同以致於難以相信他們真的是具有智能的生命。

朵：你說你看到他的手。看起來像人類的手嗎？

布：他的手很大，手指很長。如果他的手放在鋼琴上，很容易就用我跨九到十鍵的方式跨上十二到十三鍵（她用她的鋼琴家背景來做比較）。相對於手掌的比例，他的手指顯得很長。不過我記得最清楚的，是他和我們一樣有五根手指。因為他穿著輕飄飄的衣服，我看不出來他是不是有什麼和我們不同的身體特徵。我注意到的主要是他比一般人高大。但我後來想，他來的地方大概有較高的健康標準，所以他們可能比人類的平均身形更高大。

朵：你的意思是他比較高還是比較巨大？

布：比較巨大。身高更高，肩膀也比較寬，還有一雙大手。他的牙齒很漂亮。我想他這輩子應該沒去找過牙醫。他似乎很溫和又很有智慧。他說有些種族害怕我們，其中一個原因在於我們多少有攻擊的傾向，有時可能有些好戰。他說如果人類可以學著控制這點，我們的未來會非常光明。

她對這個奇怪遭遇所能提供的資訊似乎就是這些了。我知道直接對她的潛意識說話總是可以得到更多資料，於是我要求和她的潛意識對話。潛意識從沒有拒絕過我。

朵：我對她看到的那個存在體很好奇。他實際上真的像她描述的那個樣子嗎？

布：實際上，他**真的**像布蘭達描述的那樣發光。但他讓布蘭達遺忘了一些肉眼可見的身體差異，或是一開始就不讓她看到。我想你可以說他對自己施法，讓自己看起來完全像是人類。

朵：你能告訴我他真正的模樣嗎？

布：他的頭髮是白色的，在飄動，頭髮長度比布蘭達記得的還長，髮線比較往後。他有非常尖的美人尖，不過布蘭達對他的認知是像年輕男子那種直髮線。他確實有雙大手，只是很瘦，然後手指有多出來的關節。在我們指尖的地方，他又多了個中間的關節，所以他的手指和我們彎曲的方式不一樣。

朵：他有幾根手指？

布：四根，但他有雙姆指。

朵：（這點令人驚訝）雙姆指？你的意思是？

布：兩根大姆指。他的手比我們的要長，因為有比較多的骨頭。他在正常的位置上有根姆指，在它

的上面又有一根。（這些話都伴隨著手勢）

朵：所以他有兩根大拇指和四根手指，一共有六根。

布：對，一手各六根。指甲比我們窄長。角質層（指甲根部）是很明顯的U型，不像我們的是方方的。

朵：他的臉也長得不一樣嗎？

布：比布蘭達記得的還要粗獷。他意識到布蘭達可能會因為他的長相而害怕。他的眼睛很大，又因為散發的力量而耀眼，上面還有濃密的眉毛。他的眼睛事實上是全白的，看不到虹膜和瞳孔。

朵：我看過視障者的眼睛像那個樣子。你說的是像那樣嗎？

布：對。除了他的白色部分會發光，因為那是他所散發的力量。

朵：其他的五官呢？

布：其他的五官看起來很正常。顴骨很高，臉頰凹陷，下巴的輪廓很明顯，不過耳朵很難說，因為被頭髮蓋住了。

朵：他的皮膚真的是白色的嗎？

布：我想不是。因為太亮了，所以很難分辨出真正的膚色。從他的頭髮和皮膚，還有眼睛和皮膚之間的對比來看，膚色似乎較深，可是因為在發光，看起來比實際上白。

朵：他有和我們一樣的鼻子和嘴巴嗎？

布：有。他有鼻子和嘴巴，不過很難說牙齒是不是跟我們的一樣，因為他說話時沒有張開嘴巴。他是透過思想投射說話。

朵：可是布蘭達看到牙齒。

布：那是因為她看到的形象偶爾會微笑。真正的他很嚴肅。

朵：所以他的臉沒有表情。

布：噢，有表情，只是從沒有露出牙齒。他會彎彎眉毛，歪歪頭之類的，但沒有笑過。他的臉從正面看來確實比較窄，往嘴巴傾斜的線條比我們的更尖也更窄。相較之下，我們的線條比較平。

朵：他穿的衣服跟布蘭達描述的一樣嗎？

布：他穿著衣服，不過比布蘭達形容的要複雜得多。有很多金屬製品在他的衣服上。

朵：那有什麼用途嗎？

布：那些是各式各樣的工具。有的只是裝飾。有些代表他的階級。有的是太空船的遙控器之類的。這些都在他的衣服上，他的腰帶上。他的胸前斜掛著工具帶（她的手勢顯示有兩條帶子），上面裝滿了金屬的東西。

朵：你說那些是工具類的東西？

布：比較像按鈕和開關這些東西。看起來像小瓶子，但它們都有用途，不單是裝飾作用。如果是工具，也是非常小型的工具。

朵：所以就連衣服都和布蘭達以為的不一樣。

布：是有類似，像是輕飄飄的袖子和下襬。她只是沒看到工具和她會稱為「小玩意兒」的東西。他不讓她看到那些小玩意兒。

朵：有什麼原因嗎？

布：有，因為人類在技術上還不成熟，如果太快接觸到太多外來的先進科技，有可能會是災難。

朵：人類總是想學新東西。你的意思是我們無法瞭解或處理還是什麼的嗎？

布：無法處理。那就好比在地球歷史上有船員發現南太平洋上的新島嶼，然後把槍當禮物送給部落首領一樣。首領很以他的禮物為豪，到處揮舞著槍說：「嘿，看看我有什麼。」然後因為不懂得照顧和使用，意外地走火傷人。

朵：我想到的字是「自律」。

布：不，不是這個意思，是他不瞭解東西該如何應用。因為你一旦瞭解一樣東西該怎麼運用，自然就會懂得自律。

朵：所以他們認為最好不要讓我們一次看到太多。

布：沒錯。我們被視為有智能的物種，而且很有好奇心。他們知道我們如果看到某個東西並記得的話，一定會想辦法知道自己看到的是什麼，然後試著打造出來。

朵：真的有光從他的眼睛發出來嗎？

布：有。他們的機器不只可以透過機器本身運作，還可以透過身體運作。它也可以使用身體。眼睛射出的光可能來自於掃瞄四周景物並分析成份的機器，也或者是來自機器的光，用來設定尋找某個特定元素。有可能是許多不同的情形。

這個機器和身體的結合聽起來很像是《星辰傳承》（*legacy from the stars*）裡的案例。在某些案例，身體被接上了電源，只要動動肌肉就能操控太空船。那本書敘述很多外星人事實上成了太空船的一部分。我認為這很像那些新的虛擬實境遊戲，只是把機器和身體的共同運作做了怪異的延伸。

看來，現在這不只是一個，而是兩個「覆蓋物」的案例。布蘭達的意識記得的是單純的貓頭鷹版本，這跟在催眠下提供的兩個版本完全不同。這些外星人顯然能用許多方式影響我們的認知，而唯有催眠能夠揭露表象下的真實。然而，我們會知道什麼是真實，什麼是幻相嗎？

朵：他不曉得她會開著貨車過來似乎有些奇怪。

布：他知道的。

朵：喔？我以為他很驚訝。

布：不，她才是驚訝的那個。他知道她會是一個人。她是他想要接觸的對象。

朵：他有什麼特別的理由想跟她接觸嗎？

布：有的。長老議會對特定的一些地球人保持追蹤，當跟人類接觸的時機對了，這些人又還活著的話，他們就會是最先被接觸的對象。好幾個世紀以來，外星人一直是這麼做的。在長老議會看來，達文西曾是最有希望的人之一。隨著世代的交替，每個世代都有他們特別會去觀察的對象。每個世代都有他們已經決定好要先接觸的對象。

朵：她有什麼特別不同的地方，所以他們才觀察她嗎？

布：他們想接觸的人有幾個特徵。這些人必須非常聰明，（布蘭達有著天才的智商，因此符合這點。）還有開放的心胸和接受新事物的意願。（她肯定是心胸開放的，不然絕對不會同意進行我們這個奇怪的實驗。）他們也必須是在靈性上進化，並跟較高層面有連結，努力改善自己並會接受新事物的人。會以正面方式克服生命中所遭遇的困難，而不對周遭的人帶來負面影響。有些人在克服自己的困難時，會把周圍的人拉下水。那不是他們想要的類型。他們要的是透過正面方式克服困難的人。

朵：他們會跟這些人維持聯繫嗎？還是觀察他們一輩子？

布：是的。這些人一輩子都在他們的密切注意之下。他們不時會與這些人接觸。有時候他們會讓對方記得，但大多時候會蒙蔽他們的記憶，以免他們的平常生活變得複雜。

朵：他們以前也接觸過布蘭達嗎？

布：有，有過。尤其是她還很小的時候，但她不記得了。他們跟她接觸，幫助她開始準備這輩子可能遇到的事件。

朵：那是同一類的外星人嗎？

布：有時候和這一個類似，有時候是不同外貌的外星人，因為是來自不同的種族。不過通常是和長老議會有密切聯繫的存在體。他們一起工作。

朵：他們怎麼追蹤某個人？人類這麼常到處移動。他們怎麼找得到這些人的位置？

布：他們能認知你的心靈放射，也能清楚看到你的氣場。而且這些個體中，有的是高度發展，他們能比人類感知到較高層面。一旦知道你的氣場、你的高我和你的心靈放射是什麼樣子，他們很容易就能追蹤到你。每個人都是獨一無二的，沒有兩個人一模一樣。他們也有機器可以幫忙。他們把資訊放進機器裡，讓機器掃瞄這個星球。看看這個有著這樣類型的氣場和那種類型的心靈放射的人在哪裡？然後機器便會指向目標的位置。

朵：那麼他們不用對她的身體做什麼就可以找到她。

布：他們不需要每次都對她的身體做什麼。她九歲的時候，他們第一次跟她接觸，那時候他們確實有為她接種。很像是打疫苗。這很難解釋。

朵：我想到打針或類似的事。

布：對，很像。接種會留下一個疤痕或在皮膚上留下某種記號。他們把一種物質注射到人體內，加強感知。那會幫助他們對 asper 能力更敏感，因為那些能力在銀河社群非常重要。

朵：這個字我不懂。asper 能力？

布：那是很常見的字。只是另一個表示所有超感官能力的方式。

朵：我想的是 aspirations（渴望／志向）。

布：你想錯了。（她把它拼出來）「esper」，esper 能力（超能）。

朵：我對這個字很陌生。

布：她熟悉。我是從她那裡用這個字的。

朵：噢，你是從她的語彙裡找到這個字。——好，他們在身體的哪部分注射？

布：她的是在左前臂上的這個腫塊。

布蘭達抬高她的手臂，我看到一個非常小的腫塊。

朵：是怎麼做的？

布：晚上她睡覺的時候。等她醒來後你問她，她會告訴你那是什麼時候的事。因為這個腫塊出現時看起來很怪。

朵：有用到器具嗎？

布：有。看起來像個銀管子，抵住手臂的那端很平，也或許稍微有些往內彎。當你把它壓在手臂上，管子裡的東西會刺穿皮膚，注射到血液裡，不過不會痛。

朵：但會留下一個小腫塊？

布：傷口好了之後，接種的地方會留下腫塊。等她醒來她可以描述最初的情況，還有後來傷口是怎麼好的。除了注射進去的東西，還有一個小銀球。那是非常小的工具，可以調整成和人類的心靈放射一致，幫助他們的機器追蹤這個人。如果在這個人的生命裡真的要發生接觸，他們便可以啓動留在體內的「東西」。那時候它的作用會像個翻譯機。她可以把自己的思緒投射出去和他們溝通，也能聽到他們的想法。如果是用聲音溝通，就算他們説著她聽不懂的語言，她也能夠理解。當聲音進入腦裡，就會被轉換成她能夠理解的符號。她身體裡的那個東西有這個功能。

我稱它是銀之類的東西是因為它的樣子。不過它不是真的用銀做的。它的直徑可能有八分之一英吋（譯注：約0.32公分），位置是在她的前臂，就在他們替她接種的腫塊下面，在橈骨和尺骨這兩塊骨頭之間，肌肉的下面。那是接種時一起注射進去的，他們做一次完成，這樣以後就不用再進到她住的地方。他們可以透過儀器追蹤她的思想。

朵：她的身體裡還有其他的外來物嗎？

布：現在沒有。

朵：曾經有過？

布：就我所知沒有，但未來有可能會因為各種原因把東西放進她體內。

朵：手臂裡的東西有沒有造成任何身體上的問題？

布：沒有，也不應該會有。

朵：X光呢？X光可以拍到嗎？

布：有可能，雖然可能性不高。它是被放在兩個骨頭之間，其中一根骨頭可能會擋住X光的視線。放在這個位置就是因為不容易發現和取出。這個東西裝設的方式，我想你可以說，它可以對附近的神經傳輸訊息，跟大腦連結。

朵：我聽過有些人的頭裡面有東西。

布：未來如果時機許可，可能會有東西放進她的頭裡。但目前長老議會偏好他們所觀察的人是完全自由的（以自己意志行動）。

朵：把東西放到頭裡的目的是什麼？

布：我不確定。宇宙銀河社群中有不同的種族和團體，而不同的團體有不同的目標和目的。他們使用不同的工具，所以可能會用不同的方式跟人類接觸。雖然接觸應該是透過長老議會來協調安排，不過有些團體會用自己的工具而不是長老議會許可的。

朵：如果他們這樣做議會不會介意嗎？這不是違反他們的規定了嗎？

布：有些違反了規定，有些沒有。這要看是怎麼做的，以及有沒有傷害到當事人。還有，這對當事人造成什麼影響。

朵：你能看到她九歲時，在她的手臂裡放東西的外星人是什麼樣子的嗎？

布：他們是很溫和的類型。接種發生的時候是在晚上，所以很難看清楚他們的長相。他們跟她在公路上看到的那個人不一樣。他們沒有頭髮，頭很平滑。他們像是銀色的。手也不一樣，有三根手指和一根大姆指。他們不像她在公路上看到的人那麼高大。這些人的骨頭比較長，他們很瘦長，身體構造非常纖細。他們有深色的眼睛，我能說的就只有這樣，因為他們的臉是在陰影下。他們的手很長又非常瘦，像皮包骨，以人類的標準會說很虛弱，因為太瘦了。

朵：你說他們是很溫和的種族？

布：對。他們對知識有極大的好奇心。他們是在長老議會的指示下做這件事。還記得嗎，長老議會包括了許多不同種族的生命。生命體的類型有無限多，當你把整個宇宙算進來時，生命是包羅萬象的。單是在這個銀河系，就有許多不同種類的生物，有著不同的外貌、文化、能力、看待事情和建造事物的方式。當你看到某些種族的外觀，你就會瞭解那些地精（小矮人）和小精靈的傳說是怎麼來的。因為在古代的時候，有時外星訪客不是那麼小心，被一些人目擊又沒有蒙蔽他們的記憶，於是有關特殊外表的人的傳言就這麼開始。當你聽到那些非常高大和奇形怪狀，或是非常小而且看來纖弱的人的傳說，那很有可能就是跟過去來訪地球的種族有關。

朵：是議會叫他們來這裡做這些事的嗎？

布：應該是要這樣的。

朵：可是不見得總是如此？

布：對，不見得。不過他們儘可能透過長老議會來協調，儘量減少傷害。

朵：我發現跟這些不同生物有過接觸的人，比我們最初以為的要多很多。

布：對，因為公開與地球接觸的時機比以前更近了，而且很有可能發生在他們一直在觀察的現在這一代人身上。許多外星人都很急切地希望人類能加入銀河社群，他們真的很希望如此。

朵：我們一直聽到有人說自己被綁架。你知道這方面的事嗎？

布：他們確實偶爾會對人類的身體做較密切的檢查。這是為了追蹤醫藥科學和人類演化的進展。他們想為加入銀河社群時的人類類型做好準備。他們想在這件事發生的時候，為人類消除疾病。為了做到這點，他們必須先檢查人類，才能研發對各種疾病的療法。然後他們就能在跟我們公開接觸時提供我們療法。

朵：聽起來很合理。那些身體檢驗是怎麼執行的？

布：通常是用光和某種特定能量，類似我們用X光來檢驗骨頭。他們有不同的能量頻率可以檢查身體的特定部位，確定它的狀態或是在什麼發展階段。

朵：這是在個案家裡的床上進行的嗎？

布：不是，他們必須把人類帶到設置有這些儀器的太空船上。這些儀器會發出特定的能量，檢查身體裡的特定事物。因為工具太多了，不容易運送。他們可以在你家做部分檢查，但不會像是在太空船上面做的檢查那樣徹底。

朵：我想人們把這個叫作綁架。

布：意圖並不是要綁架。如果真想綁架人類，他們會把人類帶上太空船，飛得遠遠的，永遠不放他們回地球。這只是檢查，目的是繼續收集他們需要的資訊。人類相對的則可以提供銀河社群個別的專長和成就：我們的好奇心、智能、對藝術和音樂的喜愛，還有我們建造事物和理解事物的方式。這些是我們能對銀河社群的貢獻。

朵：我也聽說有些外星人似乎很冷漠，好像沒有情感一樣。

布：有些看上去確實如此，那只是因為他們專注於追求知識，沒有表現情緒或情感的理由。有些則只是天生含蓄，比較用心靈感應來表達情緒，而不是身體的動作。

朵：我曾經和見到這些外星生命之後，非常恐懼的個案談過話。

布：對。那很不幸，他們真的沒有要傷害我們的意思。會那麼害怕的人通常沒有打開心胸，或是對這個體驗沒有準備。他們沒有把這看做是美好而且要去珍惜的新體驗，反而聯想到深夜的怪獸電影還有在後面追著他們的暴眼生物（我笑了），所以才會那麼害怕。

朵：這完全是人類的正常反應。

布：不一定。如果人類從小受到的訓練是要這樣子反應，那麼，對，這是正常反應。但如果他們從小受到的訓練是驚嘆和好奇，那又不一樣了。這要看他們小的時候是怎麼接觸到這種事，還有他們的家庭是哪種態度。

朵：傳言有人看到美麗的金髮外星人。你認為他們是真實存在，還是只是某類幻覺？

布：有種外星種族是白頭髮，他們有些人非常美麗。她看到的這個就是那個種族的成員。所以他們有可能看到的是這些人。但同時也可能有假相的成分，使他們看起來更美，以免人類害怕。他們是依人類的標準變美，這樣人類的反應才會比較正面。

朵：有道理。人類基本上是恐懼導向的動物。

布：不一定非得如此。

朵：我還有幾個問題。她的貨車停在路上的時候，萬一有人在那個存在體和她說話時經過呢？他們會看到這個存在體嗎？

布：他們看不到那個存在體，也看不到她的貨車。那一段馬路很直，他們只會經過而不會注意到自己跟她擦身而過。他們會以為自己只是直直地開過去，因為他們看不到她，也看不到那個存在體。

朵：因為她停在路上，我想知道他們會不會撞上她的車。

布：不會，他們只會繞過去繼續開，但永遠不會知道是怎麼回事。

朵：這是怎麼做到的？

布：和她看到那個存在體的不同外表一樣，他改變了她對所看到事物的認知。他們對任何人類都能這麼做。他們只是改變人類對所見事物的認知。如果有人過來，他們不會看到一輛貨車停在路中間，然後有人在對駕駛說話。他們只會看到一條開放且空蕩蕩的馬路。他們只會繼續開他們的車。

朵：原來如此。他們這樣安排是不讓任何人在這個過程中受到傷害。

布：沒錯。他們並不想傷害到任何人。

朵：總之，在這個發生在三月的事件裡，確實有那麼一個有身體的存在體，他不僅改變了布蘭達對他的認知，他也封鎖了布蘭達的記憶並放進貓頭鷹的影像。這麼說對嗎？

布：對，這是為了保護布蘭達和他自己。他想跟布蘭達接觸，但不想讓布蘭達的生活變得複雜。所以他讓布蘭達以為自己在路上看到的是一隻非常美麗的貓頭鷹。這樣她的生活就不會受到影響。此外，因為他改變了布蘭達眼中的他，這件事對布蘭達而言會是個比較溫和的經歷，她對這個體驗也會更加開放。因為如果她看到他真正的模樣，可能會有較強烈的恐懼成分。他儘可能讓布蘭達的感受是愉快的。

朵：這樣很有道理。可是她現在用催眠的方式記起來不會造成對她的困擾吧？

布：不會，完全不會。她非常想記起這件事。我認為這很好。我允許這件事。等她醒來後，她會記得這一切，這對她繼續準備時機的到來會有幫助。她已經準備好要接受這個資訊。這是她會想起那隻貓頭鷹的原因，這樣她才能用現有的技術來獲得資料，然後她就能記起所有的事。

朵：布蘭達說，事件過後幾天，她的聽力有些狀況，而且有東西影響到了電器類的用品。是什麼造成這些情況？

布：因為她跟那個存在體互動，她的氣場吸收了一些額外的能量。這個能量大部分被她的身體使用，但還是有多的。她的氣場把多出來的能量拋了出來，你可以說那就很像無形的閃電。結果便是她的耳朵會耳鳴，也會聽到非常高的音調。她的身體因為額外的能量也干擾了電子物品的運作。

朵：這都是因為接近那個存在體的關係？

布：這是因為她可以接收較高的事物，她和她的氣場對較高能量是開放的。所以當她靠近那個存在體，除了吸收了來自於他的靈性和心智的知識，她也吸收了一些氣場的能量。有些過多的能量無法立刻使用，導致了這些副作用。那就像電線傳送太多的電力會冒出火花一樣。

朵：她的健康有沒有因此受到影響？

布：沒有，沒有負面影響。體內多出來的能量對一些療癒過程有益，因為體內隨時都在進行療癒。這完全不會干擾到身體要做的事，只是讓她多聽到了一些聲音，還有影響到她周圍的電子器具。她也不是太驚訝，因為她這輩子對身邊的時鐘一直會造成影響。她念高中時，有一陣子還會影響到販賣機。她的聽力向來也很敏銳。她沒有因為這些效應而緊張，它們不過就和她以前發生過的事情類似，但仍有些不同，也強烈了些。這對她聽力的影響來來去去，有時只持續幾分鐘、幾個小時，或者就像這次，一連持續了好幾天，這才是令她困擾的事，因為她已經習慣聽力效應很快就會消退。她的情形是，她對時鐘、錶等計時裝置的影響力是她獨有，而且會一直持續的效應。

朵：是因為她的能量場的關係？

布：有部分是因為她的能量場和她的心靈能力，有部分是因為她對時間的認知。

朵：什麼意思？

布：在她的文化裡，大多數人從小被教導要很在意時間。你要意識到分鐘、小時，還有「唉呀，我必須在五分鐘內到那裡。」她因為興趣和成長的方式不同，對時間發展出較為全面的觀點，她是以季節、年份和世紀去思考，而不是分鐘和小時。因為她對時間有不同的觀點，對周圍的時鐘和錶就造成了影響。可以說她是以不同的速度在過時間。

催眠結束後，我接著錄下她有意識的記憶。

朵：你的潛意識說，你醒來後會告訴我前臂的事。

布：我手臂上的腫塊？（她解開釦子，拉起襯衫袖子。）這個從我九歲開始就有，幾乎二十年了。

那個腫塊在她的肘關節下面一寸半的前臂內側，大小和疣差不多，但很平滑，而且是粉紅色的。疣通常都很粗糙。我摸了摸，發現它的底下不像是腫塊或囊腫那樣硬硬的。

布：我想可能有個卷鬚什麼的連到一條神經，因為有時候如果我用特定的方式揉它，手腕會覺得刺痛。

朵：你記得它是什麼時候出現的嗎？

布：記得很清楚。一九六九年的感恩節週末。我們去我奶奶家過節。那時我們住在休士頓，我奶奶住路易斯安那。我們週日要回休士頓，我就是在那天早上醒來注意到手臂上有個地方變得泡泡的。

朵：像是昆蟲咬傷嗎？

布：不是，完全不像。它是白色的，像是皮膚下有個氣泡，圓鼓鼓的，泡泡的。

朵：我想到了血疱，不過那通常是血紅色的。

布：它比較像是水泡，只是裡面沒有液體。它不透明，可是很白，摸起來粗粗的。我醒來發現它的時候，它的寬度只有四分之一英寸（譯注：約0.63公分），但白天它一直擴散，到了中午已經是一毛硬幣的大小。它比水泡更凸，大概是現在的三倍高。我給我媽和奶奶看，她們也不知道是什麼。不會痛，但有一點刺刺的。我知道那不是蜘蛛咬傷的。不紅也不痛。她們認為還是不要亂弄得好，或許它會自然消失。那天我們開車回家時，我注意到它變得更大了。隔天早上我醒來要去上學，它的大小和二毛五的硬幣差不多。終於，第三天早上醒來時，泡泡的部分消掉，手臂上出現一個五毛大小的開放性化膿傷口，中間的地方就是現在這個腫塊。它看起來像是膝蓋破皮又不小心磨掉了結痂，會冒血、有黏黏的東西和液體。它一直結痂、破裂和化膿，潰爛處的邊邊會鼓起來。這個情形持續了三個禮拜。它是開放性的化膿傷口，圓圈的裡面一碰就痛，很脆弱。好不容易，它開始一點一點縮小，裡面乾掉，變得像是硬硬的瘡。它總共花了六到八個禮拜才變小，接著便往內縮，但鼓起來的地方過了一陣子才消。我都貼著OK繃，免得碰傷它。

朵：既然大到像五毛錢硬幣，應該會留下疤痕才對。

布：是啊，你會這麼想。但它一直縮，一直縮到很小。有天早上我醒來時，看到上面長出了一層皮。痊癒後，基本上就跟今天這樣差不多，就是這個小腫塊。以前有個往一邊延伸的小分支，不過兩三年前掉了。這個小腫塊始終都是這樣。偶爾會癢，有時上層的皮膚會剝落，特別是曬過太陽之後。

朵：你有沒有看過醫生？

布：有，我看過，醫生也不明白那是什麼。他唯一想到的是因為貓抓而引起的某種真菌感染，可是我身邊不曾有過貓啊。十九年來它都是這樣，除了偶爾會癢或刺刺的，沒有造成任何問題。

布蘭達手臂上的小腫塊是個謎。我們可能永遠也沒法發現十九年前是否真的有裝置植入她的體內，也不曉得那個東西現在是否還在。只要沒有造成任何身體上的問題，或許最好不去理會，就讓它繼續保持神祕。有些人一旦發現植入物便想取出來，但我的看法是，外星人如果想把東西放在那裡，一定還會再放新的進去。

我不僅在一九八〇年代剛投入調查時遇過這些奇怪案例，以下我會舉一個近期的個案，顯示外星人具有創造出比個別的動物還要更大規模的幻覺。

克萊拉在一九九七年多次寫信和打電話給我，希望我能替她催眠。那時已經有好多人想要催眠，所以我不再在家裡進行，也不接新的個案，除非我要去他們居住的城市演說，而且有多餘的時間。此外，我也不再於演講當天替人催眠。我發現在演說旅程中做太多不一樣的事會分散我的能量，因此我只在沒有安排太多事情的時候進行催眠。克萊拉說她是在一九九六年的十二月，新墨西哥州聖塔菲市的香緹克里斯托（Shanti Cristo）大會上第一次見到我。在那場會議，我只為之前就已排定的人催眠，沒有時間排入別的個案。我通常跟他們說，我會把他們登記在名單上，等下次我要到他們的城市，再來安排。因此，我並不記得克萊拉，也不記得有跟她說過話。但她發現我在一九九七年的五月要去好萊塢參加研討會，便打電話來要求安排催眠。她雖然住在舊金山附近，卻願意開車到好萊塢。在這種情況下，我無法拒絕她。

那次的會議是個慘劇。主要原因在於缺乏宣傳和規劃。演說者全到了，卻沒有人來參加。因為沒有聽眾，有好幾場演說被取消。那是我參加過最糟的一次研討會，但我倒因此空出不少時間。我的朋友菲爾把這趟行程變成觀光之旅，帶我去看我從少女時期在幽暗的電影院裡便夢想一遊的好萊塢。我之前一直沒有時間好好參觀這個城市，若不是待在飯店就是會議中心，演說結束後也總是直接前往機場。我們決定好好利用這個糟糕的情況。我很開心能看到這個城市光鮮魅力的一面。因此，當克萊拉來到我在飯店的房間要進行催眠的時候，我很放鬆，也有充分的時間和她相處。

克萊拉是位迷人的金髮女子，大約四十多歲，看起來活潑、聰明、健康情況良好。我試圖從催眠前的談話找出進行回溯的原因或問題。她說主要困擾她的是幾年前發生的時間消失事件。

克萊拉偶爾會因公前往夏威夷參加會議。那次事件發生時，她正在茂伊島上開車。當時已近黃昏，不過天色仍微亮，她正在找一家以前去過的飯店。飯店座落在海灘，她想在那裡邊吃晚餐邊欣賞海景。當她開著車尋找那家飯店時，發現自己錯過了入口，於是決定再往前多開一段，找個地方調頭。

茂伊島的這一區種了許多茂盛的熱帶植物，雙線道兩旁都是棕櫚樹。沿途房子不多，由於離馬路有段距離，並不容易被看見。克萊拉終於看到了一條可以迴轉的車道，雖然她心裡意識到，以前開在同樣的路上不曾注意到這條車道。

她開了進去，發現那裡是一處小住宅區，裡面都是模組式房屋。這些房子位於棕櫚樹群間，環境非常優美。奇怪的是，克萊拉不記得曾在這路上看過這個社區。她將車子開進了車道，正要迴轉

——這就是她最後記得的事。下一刻，她發現自己在島嶼的另一端，行駛在一條繁忙的四線公路上。這時天色漆黑，她完全不知道自己是怎麼到那裡的。

一年後，她又回到茂伊島參加會議。出於好奇，她開上同一條路，想找到當時迴轉的車道。她始終記得那次奇怪的經歷。她開車繞遍了該區，儘管她又找到那家飯店，卻始終找不到那處組合屋住宅區。從此這件事就一直困擾她，也因此促使她進行這次催眠。她想查出當晚到底發生了什麼事，還有她怎麼會那麼詭異地到了茂伊島的另一端，卻絲毫沒有開車到那裡的記憶。

克萊拉是很棒的催眠對象。我毫無困難地讓她立刻進入了深度的催眠狀態。她記得事件發生的日期，因此我引導她回到一九九四年三月，她來到夏威夷茂伊島的當天。她敍述自己站在當時住的「茂伊太陽」旅館前，正要走進玻璃門。她才剛到，為的是參加年度的研習會。她喜歡來這裡出差，因為工作之餘也能好好放鬆休息。她很喜歡這家旅館四周開滿的繽紛花朵。

朵：好，現在你已經在飯店登記入住。我要你往前到你要去餐廳用餐的那一晚。那是在同一家飯店還是不同的飯店？

克：不同的飯店。

朵：很遠嗎？

克：嗯，可能有好幾英里。兩、三英里遠。我從沒在那裡用過餐。我只是曾經經過。它座落在海邊，而我住的旅館是在小山丘上。我很想體驗坐在飯店裡，享受窗户全部打開，聆聽著浪濤沖刷海灘的那種感受。我想去那裡想很久了，但就是從沒去過。

朵：哦，你現在在開車往那裡去嗎？（對。）是幾點的時候？

克：才剛黃昏。我不知道確實的時間，不過有點微暗。

朵：你認為天很快就會暗了？

克：嗯，大概吧。我沒有多想。

朵：好，你快到飯店了。告訴我你在做什麼。

克：我開在南基葉（South kihei）路上。天色越來越暗。因為那裡沒有街燈，視線並不清楚。我正經過亞斯特蘭（Astland）。那是個很大的地方，我錯過了那條車道。附近有很多樹。車道看起來……嗯，不是很隱密，但我就是錯過了。（懊惱）我就是沒看到。於是我又往前開了一段，想找個地方調頭回去，因為我真的很想在那家飯店用晚餐。（在這一段催眠裡，她有時像是邊開車邊自言自語，但也會回答我的問題。）我在開車。我發現這個地方……好。我看到了這個地方。這是一條死路。很好，看來是調頭的好地方。嗯……我以前從沒看過這個地方。（困惑）咦……這裡有漂亮的棕櫚樹和花叢，還有一道籬笆，不過我可以看到籬笆的另一邊。那裡有各式各樣的……（不知道該如何描述）像是模組式房屋（組合屋），或是……很時髦的移動式拖車屋。好……嗯，這個地方很漂亮。

朵：你找到了調頭的地方？

克：是的。是條死路，我現在正在迴轉。（輕聲地）然後我看到這些亮光。（停頓，覺得困惑。）就像……讓人眩目的強光。
朵：光在哪裡？
克：（她的呼吸變快）從天上來的。它就像是光的漏斗。一個漏斗，寬的那一端向下朝著我。就像……（困惑）
朵：尖端朝上？
克：對。幾乎就像……來自太陽，就好像你透過樹叢看著這個很明亮、很明亮的光芒。……我感覺這個光有非常強大的能量。（深呼吸好幾次）
朵：是很密實的光嗎？
克：它是像放射狀的光。好幾道光線。
朵：從底部散發？
克：（從她的聲音和呼吸，可以明顯看出她正經驗到不尋常的事，而且有一些不安。）底部，對。
朵：你還在開車嗎？
克：沒有！我就是存在。我存在。
朵：什麼意思？
克：（無法置信的語氣）感覺上我就是這個光的一部分。
朵：你還在你的車上嗎？

克：沒有。我感覺我正在飄浮。就好像我是光的一部分。（深呼吸幾次）我就只是光。彷彿超越了時間和光⋯⋯。我像是在移動。我要去某個地方，但我不知道我要去哪裡。不過沒關係。

朵：是種移動的感覺？

克：是啊！飄浮的感覺⋯⋯。移動的感覺⋯⋯（她絕對是沉浸在這個經驗裡了）。穿過顏色，穿過時間，穿過空間，穿過⋯⋯（深呼吸好幾次）很愉快。

朵：你能看到的就只有顏色嗎？

克：（慵懶緩慢地回答）一些顏色，還有金色的光。非常平靜。（她很放鬆地吐了一口氣）這感覺就是我是一切，一切就是我。萬有一切就在那裡。萬有一切就在這裡。萬有一切存在。

朵：你有正在移動或是要去哪裡的感覺嗎？

克：是的。向上移動。上升。移動到另一個地方和另一個時間。

朵：讓我們看看你要去哪裡。

克：（遲疑）我覺得好像著陸了。這個地方看來就像⋯⋯（大嘆一聲）很難描述。

我的抄錄先在此告一段落，因為很快就會進入複雜的概念。完整的催眠記錄將放在《迴旋宇宙序曲》，我會在那本書裡將本書只觸及的表面深入擴展為理論和概念，那會是令人難以想像的觀念的延續。現在只要提到克萊拉不是被送上太空船，而是到了另一個次元的星球上就足夠了。我把這個案例放在這裡只是為了表示甚至環境也會是幻覺。

在療程的最後，我跟克萊拉的潛意識對話。

朵：你能不能解釋當她開在夏威夷路上，來到那處迴轉地點的時候發生了什麼事？

克：她是在那個時間和地點被「送到」那兒。因為那個地方是為了她才顯現（物質化），之後並不適合讓她回到那個特定地點。因此她被帶到一個……公路上她知道的地方，所以車子才會出現在那兒，這樣她也才知道要怎麼開到她當時想去的飯店。

朵：所以那次回去必須是在夏威夷的某個特定地點和時間？

克：不見得。那只是一個她在身體裡會覺得舒服的地方。為她創造出的那個空間有她喜歡的美麗景色。那會是一個她可以徹底和全然放鬆的地方，轉移（指資訊）也才能完成。

朵：那麼那輛車，連同她在車子裡的身體，實際上是被帶到島的另一邊的另一條公路上？

克：沒錯。那只是去物質化，然後在另一個地方回復為物質形態。

朵：連人帶車從一個地方移往另一個地方是常見的情形嗎？

克：噢，是的。噢，是的。

朵：這種事經常發生？

克：經常發生，經常發生。

朵：當這種情況發生時，身體也是去物質化後再成形嗎？

克：是的。

朵：這對身體沒有傷害？

克：沒有傷害。身體變成純能量。

朵：那麼她和車子只是從一處被移到另一處。

克：沒錯。

朵：所以當她恢復意識的時候，她已經在島上的另一個地方。而且那時候也在開車。（是的。）而直到這一刻，她對之前發生的事完全沒有記憶。

克：是的。

朵：所以當她來到，我想我應該說當她恢復意識，她才會在島上的另一個地方。

克：對。

朵：這個情形在她身為克萊拉的這生是唯一的一次嗎？

克：發生過許多次了。不過這一次是發生在她願意探討，願意知道發生了什麼事，以及怎麼發生的時候。其他幾次的時機並不成熟，那時她還沒準備好去瞭解，或者說，那時她在地球的物質生命還沒有成長到可以理解這種事的時候。

朵：所以這次是因為發生了不尋常的事，她才會記得。

克：沒錯。

朵：她現在可以知道這些資料了嗎？

克：是的。她應該知道這些資料。她一直渴望知道。她現在也可以瞭解了。

朵：而且這對她會是幫助。我們不想造成任何傷害。

克：對。這對她是件開心的好事。

接著我請潛意識退場，然後讓克萊拉的人格完全回到她的身體裡。這種能量的釋放或改變總是非常明顯，因為催眠個案的呼吸在這時候會變得沉重。

我帶引她回到現在，並回到意識完全清醒的狀態。

所以，真相並不總是像表面所呈現的。我們真能確定自己看到和體驗到的事情是真的嗎？還好它們是以一種微妙和溫和的方式完成，所以唯一的影響是令我們好奇，然後，通常也就把它當成是件怪事而作罷。恐懼這麼溫和的事並沒有好處，尤其是我們無法預期這樣的事件何時會發生，自然也就無法控制。

謎團繼續著，而且越來越深奧。

第四章　隱藏於夢境的資訊

夢什麼時候不是夢呢？當事件的真實記憶被潛意識遮蔽，它就會以夢的形式出現嗎？夢究竟是什麼？我們要如何才能知道其中的差異？還有，知道這個差異對我們有好處嗎？這類事情也許還是不要碰觸得好。

我在工作時聽到的報告，有很多都不是個案與外星人的實際接觸，也不是目擊太空船。相反的，個案往往是被奇怪和生動到異乎尋常的夢境所困擾。這些夢通常有著不尋常的性質，是他們忘不了的夢。

我們每個人，偶爾都會有非常特別強烈和清楚的夢境，感覺格外真實，而我們通常都會慶幸那只是場夢。也有一些夢是我們久久難忘的。這是我們稱為「睡眠」的陰影世界裡的正常部分，它大多是潛意識對清醒時的生活事件所做的解讀，也是潛意識試圖透過象徵，傳遞訊息給我們的方式。那麼，是什麼讓跟幽浮、外星人或太空飛行有關的夢與眾不同呢？我們又為什麼要去注意它們？

我總是說：「沒壞的東西就別修理！」如果當事人活得好好的，沒有因為哪個記憶而造成問題，那麼最好就別去探索，把它當成一件有趣的怪事就好。沒有必要只是為了好奇而讓生活變得更複雜。記得，一旦打開盒子，就沒辦法再關上了。你無法忘記自己想起來的事。而這可能會對你之後的人生造成永久的影響。

不論個案透過催眠療法揭露什麼資訊，我都希望能為他們帶來正面的影響。因此，凡是探索夢境所得的資訊，都必須用正面的態度整合到個案的人生，好讓他們能夠處理並回歸正常的生活。同樣的規則也適用於與外星人互動並保有意識記憶的人。

這一生才是最重要的，個案必須儘可能正常地過下去。因此，催眠師的職責是幫助個案處理所揭露的任何訊息，並且全面和正確地看待它們。

在我的另一本書《生死之間》裡，我們發現靈魂事實上從不睡覺。只有身體會感到疲勞，而靈魂在等待身體醒來的時候則是覺得百般無聊。所以當身體睡著時，我們的靈魂或靈，也就是真正的我們，會展開很多冒險旅程。它可能去了靈界，與大師和指導靈會面，聽取建議或學習更多的課題。它也可能到世上其他的地方旅行，或甚至往外探索其他的世界和次元。這些行程有時會留下片段的印象，特別是常見的飛行夢。

我們最本質的部分與身體之間有一條「銀線」作為連結，因此靈魂總能在身體醒來前回到身體裡。這條臍帶要一直到身體死亡並釋放靈魂自由的時候才會斷掉。

在我還沒調查幽浮以前，我從未想過肉身會在睡眠的狀態下到別的地方。畢竟，身體如果被移動，應該就會醒來，不是嗎？我從調查這些奇怪的可能性中學到了很多。在這些案例裡，我小心地質疑，確定那是身體真正的經歷，而不是靈魂出竅。這兩者會很類似，但描述並不一樣。

在靈魂出竅的情形，當事人可能會記得脫離身體時的感覺。他們常往下看，看到自己睡著的身體躺在床上，他們也會講述自己在外出後重回到那個空殼的情形。此外，他們常描述看到連結靈魂與身體的「銀線」。偶爾，他們還會形容當在外面太久，被銀線拉回去的感覺。我在工作中發現，身體有可能在靈魂不是時刻都在身體裡的情形下生存，身體會被存在於身體裡的生命力支撐，然而如果沒有靈魂，身體便無法無限期的存在。

另一種體驗，也就是身體真的跑出去的情況，則有不同的描述。我的第一個這類型個案是位名叫約翰・強森（John Johnson）的非裔美國人，他是個很棒的人，一位心理學家，常跟我一起訪問疑似被幽浮綁架的案例。當時我才剛開始調查，一切還很新奇。我覺得我們像是在開墾新的田地。我當時還沒發現現在所觀察到的模式，那畢竟是要調查過許多案例之後才會有的發現。由於我不是心理學家，每當第一次訪問那些認為有過外星經歷的個案時，我很依賴約翰的專業。他會問個案我永遠也想不到的問題，他的問題很能幫助我們瞭解個案和個案家人的心理健康狀態。

有時當我們要開車回家時，在車裡他會告訴我個案的心理失常，他懷疑個案幼時可能曾被虐待。有的案例令他懷疑當事人是在幻想或尋求注意力。我跟著他學到了要留意的跡象，這是無比珍貴的一課。大多時候他會說對方的家庭正常，個案顯然經歷了他相信是真實的經過。如果約翰認為值得或有必要追蹤下去，我們便會再安排與個案見面，如果不是他，就是我進行催眠。

我非常珍惜並看重我們一起調查案例的那三年當中，他所給予我的協助與建議。雖然他因為心臟虛弱而受苦，仍為了調查這些不尋常的主題，與我一起旅行了許多路。他像是把心臟藥當成糖果在吃，然而他說和我共事是支撐他的動力。我們的工作關係一直持續到一九九〇年，五十三歲的約翰心臟病發過世才終止。

一九八七年我們剛認識不久，約翰就告訴我他個人的奇特經歷；他說他希望透過催眠探索這段經驗。事情發生在一九八一年，他去埃及旅行的時候。旅行社安排他在開羅的飯店和一位陌生人同住。他對那晚的事情沒有什麼印象，除了醒來時發現自己站在另一個男人的床旁，那自然會讓對方驚醒。他不記得自己有起床，也不記得自己怎麼會走到那裡。他只記得有東西發著藍光。我提出他或許是在夢遊；在一個陌生的環境中入睡，夢遊是很常發生的狀況，尤其如果又因為旅行而疲累。他考慮過這個解釋，但他不曾夢遊，所以打消了這個可能性。他很確定自己去了某處，他要我幫他查出他到底去了哪裡。

開始催眠前，他透露他擔心心臟可能在進入出神狀態的時候會有問題。他列出需要觀察的症狀，只要那些症狀一出現，我就要把他帶出催眠狀態。我告訴他，我確信不會發生這樣的事。

我說的沒錯，他的催眠進行得非常順利。我知道他是催眠師，所以很確定要讓他進入出神狀態並不會太困難。因為他知道程序，也完全配合。

他一進入出神狀態，我便引導他回到抵達埃及的那天。他剛下飛機，正準備過海關。

當探討的事件跟個案的現世生活有關，回到事發當下有可能令他們不安。許多催眠師都說，回到事件發生之時會令個案焦慮。由於我是帶個案回到事件發生之前，而不是事發當下，因此不曾遇過個案抗拒。用這個方式，我們可以從後門偷溜進去，從後面逼近。

約翰先是重新經歷了與旅行團一起在機場過海關的情況，然後我讓他來到下榻的飯店。他對飯店和回房前吃的餐點做了詳細的描述。長途旅行令他疲累不堪，他回房倒下頭就睡著了。

如我先前所說的，潛意識從來不睡覺。它永遠都曉得發生了什麼事。我知道如果那晚真有事情發生，潛意識一定會告訴我。如果那只是場夢或夢遊，潛意識也會如實告知。

朵：那晚有發生任何不尋常的事嗎？

約翰的回答令我吃了一驚。「我被叫了出去。」

約：我被叫出去。我穿過了房間的天花板，從屋頂出去。

朵：你能解釋這是什麼意思嗎？

那時我以為他說的是靈魂出竅。「你經常這樣嗎？」

約：偶爾。

朵：你說有人叫你。你知道是誰嗎？

約：不知道。我不認得那個聲音。我從沒聽過那個聲音。

我請他敘述發生了什麼事。

約：我就是往上飄浮。飄浮著穿過物體，穿過實體。我以前也這麼做過。

接著，約翰發現自己在一個燈光昏暗的圓形房間裡，站在一面發著白光的巨大石板前。石板大約有十五英尺高，八英尺寬。他察覺自己並非獨自在房裡，但他的注意力全都在大石板上。「我在研究這塊石頭。石頭上有課題。」

朵：你以前看過這塊東西嗎？

約：這一塊沒有，不過我看過其他的。我看過也有文字在上面的東西，可是不是水晶形態。

朵：在你研究它的同時，你能跟我分享它上面寫了什麼嗎？

約：不行。我不記得它寫了什麼。我一看完就忘了。

朵：可是重要的是你讀了之後，另一部分的你會記得，不是嗎？（是的。）這是為什麼你會被叫來這裡的原因？來讀這個？

約：我想那是我來這裡的部分原因。另一個原因是學習。

我不斷試著要他分享他讀到的文字，卻是徒勞無功。

約：我不記得了。我學習，然後瞬間就把它忘了。它已經變成我的一部分。

前一秒他還在石頭前研究，下一秒他就回到了飯店房間。「我回到我的房間了。我不在我的床上。我的床在那裡。但我現在站在另一張床這邊。」

我仍然以為他是靈魂出竅。「那麼你是在回到身體裡就站起來了嗎？」

約：我沒有回到身體裡。我的身體跟我在一起。

我很驚訝，完全出乎意料，因為這是我第一次聽到這種情況。「你的意思是你的身體穿過了天花板？那不是有點不尋常嗎？」

約：（很平淡的口氣）不會。我有時候會穿牆。

朵：我的意思是，如果那晚有人看著你的床，他會看到你的身體躺在那裡嗎？（不會。）你知道這是怎麼做到的嗎？

約：瞬間傳輸／移動（teleportation，指瞬間移動物體到另一個時空）。

朵：你是自己做到的嗎？

約：不是，我無法用自己的意志做到。當我被叫出去的時候才行。

這讓我有點嚇到，一時間想不出合理的問題。

朵：你發現自己去的那個圓形房間，那是物質的實體房間嗎？

我以為他可能是在靈魂層面，或許是像《生死之間》描述過的學校或是學習的廳堂。

約：對，它是實體的。

朵：你的身體也是嗎？還有地板、牆壁和那個房間裡的東西是實體的嗎？

約：對，全都是實體的。

朵：你知道那個房間在哪裡嗎？

約：不知道。但我可以告訴你我在裡面看到什麼。（他再次看到）當我面對石板時，右邊有好幾個控制板，還有欄杆。控制板比地板高大約二十四吋（譯注：約61公分），那裡有一條走道。我看到控制板和測量的儀器，我不懂它們是什麼。那不是要給我看的。我只是在掃視這個房屋的時候看到的。

朵：你可以把它們跟別的東西做比較嗎？

約：我不知道。我是隔著一段距離看到刻度盤和測量的儀器。

朵：欄杆是沿著房間的邊緣嗎？

約：對，它環繞房間。我在的這裡像是個凹陷的房間。它比室內其他地方要低。我感覺有別的東西在場，但我沒辦法往那個方向看。房間很暗。光線好像主要就是來自這個水晶面板。我看到那邊（指方向）有些紫色，不過我不知道那是什麼。

朵：你以前來過這裡嗎？

約：我去過很多地方。我不知道我以前有沒有來過這個房間。這房間對我來說很新鮮。我不認得路。我不熟悉這個房間。我去過**許多**房間。也許去**那個**房間一次就夠了。很多房間我都只去過一次。

朵：房間是在什麼地方呢？你以前去過那裡嗎？

約：我不知道。我只看到這個房間。我沒有去別的地方。我一進來就是這個房間。離開時也是從這個房間離開。我沒有去別的地方。

朵：你去這些不同的地方有多久了？

約：一輩子了。

朵：你說它們不一樣。是怎麼個不一樣？

約：有時我是在禮堂，有時候在比較小的房間，有時在圖書館。有時我只有移動的感覺，它可以是飄浮的感覺，或是高飛時的加速。以前我這麼做是因為那陣子我剛好沒有別的事情好做，沒有東西要學。因為沒有要做什麼工作，所以就自己一個人。自由的感覺很令人振奮。有時候在這些小小的旅程當中，我會看到一些生命體。他們看起來像人類。以前是人類，但現在死了。不過說他們死了只是因為他們已經不在這個世界上了。

這些聽起來像是靈魂晚上去靈界研究和學習的地方。

朵：你說的這些時候是你的身體體驗到的經歷嗎？

約：有時候是我的身體，有時是我的星光體。很難說什麼時候是身體的體驗，因為無法證實或確認。在埃及那次的經驗絕對是我的身體。

朵：我想它們很類似，因為不論是哪個情況，你的智能都在。（是的。）當你的身體穿越牆壁和天花板的時候，那是怎樣的感覺？

約：就是移動的感覺，就只是動作。我不記得了。我就是到了那裡。我不知道我做了什麼。

朵：可是當你醒來，發現自己站在室友的床旁邊，你有沒有看到房間裡有什麼奇怪的事？

約：我看到一道藍光從天花板射下來。

朵：很亮的藍色？

約：不是，不是。是淺藍。比知更鳥的蛋的顏色（藍綠色）再深一些些。

朵：你認為那道光是什麼？

約：我認為它是什麼？它是座滑坡。不是真的滑坡，但我看到一座滑坡，好像是為了讓我回房間才出現的。我現在可以看到它。它從天花板一直到地板，大約有三呎寬。它把我帶回房間。它跟分解身體的分子有關。我想不出來還有什麼其他的方法可以完成這樣的事。

朵：你認為那道光是從哪裡來的？

約：我不知道。但我出去時是在光裡，回來時也是。它給我一種滋養的感覺，是很好的光。

朵：它在房裡多久？

約：我看到後就消失了。然後我發現自己回到了房裡，站在另一張床的旁邊，就好像我是被放在那裡。室友被我驚醒，可是我不記得自己怎麼會到那裡的。

看來我們無法取得更多關於這個經驗的資料，於是我指示他離開正在觀看的場景，帶他回到現在（一九八八年）。催眠開始前，約翰要求我瞭解他的健康狀況。我在其他人的催眠療程中也問過潛意識個案的身體問題，並請它開出治療的方法。潛意識向來以一種沒有情緒的抽離態度進行，就好像我們談的是第三者。以下這簡短的敍述顯示，潛意識可以有多麼客觀。

朵：（我對約翰的潛意識說話）他擔心他的健康。你能掃瞄他的身體，告訴我們哪裡有問題嗎？

約：我還不夠深到做那個掃瞄。那個掃瞄需要能遍及全身的器官。我還沒達到那個深度。我的狀態還無法到達那個意識深度。

朵：潛意識可以客觀地看看身體，給我們一些資料嗎？不一定要很徹底。不論你能跟我們說什麼，我們都會很感謝。

約：好。（停頓）現在……心臟快死了。它有一天會停止……很快就會。

這份全然不帶情緒的客觀令我詫異。「這是這個身體最主要的問題嗎？」

約：是的。它維持身體的運作。

朵：約翰能夠做些什麼來改善這個情況嗎？你有沒有任何建議？

約：（強調的語氣）沒有。當時間到了，他就會走。

朵：沒有辦法可以改善？

約：沒有。沒有。他不想做任何事。他很滿足。他已經接受了。

我為約翰的健康和安好下指令，不過我知道不會有用。如果潛意識確定沒有復原的希望，那麼我們凡人也束手無策。

約翰醒了之後，他對潛意識說的話完全沒有印象。這個情形很常見。個案會記得部分催眠的過程，但對於我跟潛意識的對話則往往一片空白。我想最好是讓約翰自己放錄音帶聽的時候知道這事。

約翰反而想談談他對那個房間的印象。大部分的描述都和催眠時說的一樣。「我看不清楚刻度盤和測量儀器那些東西，我離它們大概有二十呎遠。那是個很大的房間，而且很高。你知道，聽起來很瘋狂，可是有一刻我真的懷疑自己是不是在地球裡面。之所以會這麼想，有一點是因為牆壁很陡峭，就像岩石。事實上，它比較像洞穴。就連地板也像是岩石。」

一週後，聽過錄音帶的約翰打電話來討論那次的催眠，而且劈頭就說，他絕不相信自己的身體被帶離了飯店房間。他無法相信那是經由分解分子或其他的方式做到。他邊說邊哈哈笑著，我跟著他一起笑，我說：「嘿，那是你說的，可不是我喔。」他說如果他是聽別人說，而不是出自自己的口，或許他還會相信。他真的把這當成玩笑來看，但我猜想他對催眠的認識夠深，足以讓他意識到這些事情的真實性，否則自己不會說出那些話來。他只是想對自己有個合理的說法，跟其他有過類似經歷的人一樣，他們會試著去找別的解釋，好讓自己的意識能夠接受。所以，就算你是調查員並且熟悉催眠技巧，顯然反應都會是一樣的。

約翰在醫院協助將死的病患對即將進入的世界有所準備。他在自己踏上這趟旅程前做了很多好事。然後，就如他的潛意識所說的，他的心臟停止了跳動。

我跟約翰學到了許多調查的程序，我也會永遠懷念他的忠告。雖然我們合作時間很短，我很慶幸有認識他的榮幸。

約翰的經驗顯示了區分接觸外星人和靈魂出竅的難度。我一邊和菲爾合作，進行《地球守護者》，一邊也開始注意個案不尋常的夢境。菲爾對於跟外星人的接觸並沒有意識上的記憶，只有情感受創的夢。當探索他的夢時，我們發現他跟外星人的實際接觸可以回溯到童年時期。透過這些發現的細節，我看到一個又一個後來反覆出現的模式。

凱莉和我碰面的經過由於太過牽強，無法被視為巧合。我的朋友康妮曾對我提過，她有位多年老友凱莉是住在休士頓的藝術家。凱莉有過一些奇怪的夢和幻象，會讓人聯想到跟外星人的接觸。康妮認為我會想跟她配合，可是凱莉住得太遠，這個可能性微乎其微，她先生又管她管得很緊，不讓她離家遠行。自從康妮搬來阿肯色州之後，凱莉沒來找過她，雖然她們兩人是很好的老友。但接著，奇怪的巧合介入，把我們拉在一塊兒。康妮去休士頓找凱莉時突然病重，唯一能回到阿肯色州的方法便是凱莉開車載她回來。在這個情況下，凱莉的先生不得不點頭答應，於是她的阿肯色之旅終於成行。

康妮回到家後，在週二的晚上打電話給我，要我去她家見凱莉，聽聽她的經歷，或許也做次回溯。康妮知道凱莉不會再到我們這裡，所以這會是凱莉唯一一次見到我的機會。

我週四早上要去小岩城參加會議，週三是最後一個能見她的日子。於是，週三晚上我們共進晚餐，然後我請凱莉對錄音機說出她的經歷。她記得自己作過和外星人有關的夢，但她最想瞭解的是有一次的靈魂出竅和她看到的異象。雖然其他人不覺得那有什麼，她的人生卻受到很大的衝擊。我告訴她我會探索任何**她**想要探索的事。我相信幫助她要比發現另一宗與幽浮有關的資料更重要。

靈魂出竅的經歷發生在一九七八年的某個晚上，她當時正準備睡覺。她很確定自己那時還沒睡著。她只是換上睡袍，坐在床邊，突然間聽到房間角落傳來一個低沉的聲音說道：「凱莉，跟我來！」

「他沒有說出聲來，聲音是直接傳到這裡。」她指著她的前額。「我覺得自己像條濕毛巾。你知道，就是當你把毛巾放到水裡再拿出來，它會全部吸在一起又很重？接著我感覺自己在往上飄，脫離了我的身體。突然間，一個灰色、模糊、沒有形體，什麼都沒有的東西和我一起飄浮。我是在離開身體的時候看到的。那個沒有形體、朦朦朧朧的東西，有雙黑色眼睛，深邃，充滿著愛。然後突然間，我們不在房裡了。我們飄浮在所有東西之上。」

凱莉從這個視角連續看到了五個場景。它們似乎都和她未來的人生事件有關，而且是依時間的先後順序出現。對我來說，那些場景充滿了象徵意義，與潛意識在夢中使用的型態相似。這件事發生在多年以前，其中有的經歷已經在凱莉的人生成真，只除了那件印象最強烈，引起她最多恐懼和困惑的事件還沒有發生。她一直沒能忘記那事。

她看到很多的水。不能判定是湖還是海，只知道山丘和樹木一直往下延伸到水邊。她在上方飄浮著往下看。水是綠色的，波濤洶湧，看來有暴風雨的樣子。天空全是綠的，浪很大。她看到好幾千條死魚翻著肚子浮在水上。兩隻白鳥忽地從天際往下飛掠水面。

接下來，她看到一個部分遭到毀壞的城市。成千上百的人病了，病情或輕或重。她看到自己身在其中，正在餵他們吃東西，照顧他們。她的腦裡出現一句話：「有些人還能吃，對有些人，食物到了嘴中卻成了醋。」我覺得這聽起來很像是聖經經文。在這個畫面裡，她知道自己沒有病，她也知道自己不會生病。

當她抗議：「為什麼是**我**？」答案出現了：「讓你看這個並不是要你恐懼。不要害怕。這是你被派到地球的原因。你必須為了這些即將發生的事情做好準備。」然後又重複了三到四次的「不要害怕」。

凱莉繼續說道：「然後突然之間，我發現我回到自己的房間，坐在床上。我望向我先生，看他有沒有醒來。他躺在床上打呼。我往房間四處看，我的身體是顫抖的。房間沒有什麼變化。我站起來，到小隔間裡抽菸，只抽了幾口就熄了它。我在冒汗，心裡怕得要死。我不是害怕我看到的事，我害怕是因為我知道我自己沒有睡著。我不知道那究竟是怎麼回事，但最後我還是爬上床去睡覺。」

「隔天早上我打電話給四、五位牧師。我說有東西來找我，告訴我未來的事。嗯……我很快就發現我不該打電話給他們。他們的第一暗示都是我的心理有問題。所以我學到了有些事情不能和他們討論。我知道那**不是**一場夢。我連著兩、三年都在害怕，因為我知道那些事情一定會發生。我不是**相信**那些事情會成真，而是**知道**那些事情一定會發生。當最初的幾件事開始出現，對整個情況更是沒有幫助。」

她指出這個經驗是她最想在催眠時探索的事。她很確定其他（會讓人聯想到外星人）的經歷雖然生動得令人不安，但它們「只是夢」。我鼓勵她也告訴我那些夢，就算是做個紀錄。

她描述了一場夢，或者該說是「惡夢」，由於非常生動，她一直忘不了。那是在一九六三年的九月初，她十九歲，還在德州念大學的時候。在那個「夢」裡，她發現自己身在一個有弧度的房間裡，裡面有一排排的孵化箱。她說是孵化箱，因為箱子裡有嬰兒，但那些嬰兒和她看過的都不一樣。她曾經把他們的樣子畫了下來，她說會把那些畫寄來給我。那些嬰兒有很大的頭和眼睛，跟他們完全浸在液體中的迷你、皺縮的身體形成強烈對比。他們完全浸在液體裡，她知道他們在這些液體下成長。嬰兒之間不但會用心靈互相溝通，他們還懂得很多複雜的辭彙。每個孵育箱中的嬰兒似乎都是在同樣的發展階段。他們的皮膚發亮，散發著珍珠光澤，白到近乎透明。

接著，有個女子進來房間，她掉了顆膠囊在地上。它看起來像是緩釋膠囊，只不過是透明的。這是用來放進液體裡，長嬰兒用的。我以為她的意思是那個膠囊裡的東西被加到液體裡，用來幫助嬰兒的成長。但她強調膠囊**就是**嬰兒。

「它就像是會長出嬰兒的種籽。他們把膠囊放進液體，嬰兒就從膠囊中長出來，然後繼續長大。可是她掉了這個在地板上，所以我彎下身子，撿起膠囊，放進我的口袋裡。我想要跟別人說，拿給他們看，因為我知道這就是他們（指外星人）的方法。可是房間裡有人說我不該有這個膠囊。他們在生氣，所以我很害怕。就在那個時候，我醒了。」

凱莉繼續說：「總之，這就是我的夢。到現在我還忘不了。整個大學時期，我不斷夢到同一個夢的片段。我有個感覺，覺得自己晚上在那個育嬰室工作，而不是在睡覺。難怪我醒來時總會那麼累。我不知道這跟幽浮有沒有關係。我是個藝術家，是個創作的人。有可能是因為這樣，也或者那就只是個夢。即使做了催眠，我記得的事可能也不會比我現在告訴你的多。」

催眠時，康妮在一旁觀看。凱莉告訴我她想搜尋的大致日期，我們同意儘可能探索所有的事件。過去的經驗告訴我，如果事件只是夢，潛意識會據實以告，如果她不回溯到那一天，我們就不會知道真相。

凱莉證實是個優秀的個案，很快便進入很深的出神狀態。我帶她回到靈魂出竅看到異象的那一晚，也就是一九七八年七月的最後一個禮拜。她的意識雖然不記得日期，但在催眠的狀態下，她立刻提供正確的日期：七月二十六日。

當她說到那晚準備上床睡覺的時候，忽然變得沮喪。她像是被什麼嚇到似地哭了出來，接著又開始啜泣。我下指令要她平靜，鎮定下來，這樣她才能告訴我發生了什麼事。她停止啜泣，邊吸著鼻子邊說自己突然覺得很沉重，而那個感覺讓她很害怕。一切都暗暗的，什麼都看不到。然後有個東西叫她不要害怕，接著她被一股很強烈的愛的感受包圍。黑暗開始變灰，一些場景逐漸出現，她顯然飄浮在場景的上方，那個感受非常奇特。她知道有個存有跟她一起，但它看來只是灰濛濛的，沒有形式和實體。唯一可以辨識的是一對大眼睛，可是就連它們也飄浮著，忽而清楚，忽而模糊。她看到和自己有關的未來場景，跟她記得的情況相同。沒有新的細節可以補充。

最令她不安的場景是最後那個許多人瀕臨死亡的大城市。她哭了，描述畫面的聲音顫抖著。「好難過。好多人快死了。不論我做什麼，有些人就是不會好起來。我在給他們東西。我抱著他們，碰觸他們。可是有些人還是死了。看到這樣我好痛苦。我沒辦法幫助他們全部。那個朦朧的東西要我給他們東西，我給了。那是一種食物。我不知道他們怎麼會生病，可是他們掛在陽台上，膚色好怪，有點灰、黃或藍。他們看上去就是生病了，而且好醜，所有的人都禿頭，骨瘦如柴。」她哭著說：「我不瘦。我**不會**生病。他告訴我，我不會生病。我必須照顧這些人。有些人得到了幫助，有些人沒有。人數實在太**多**了。我不認為是戰爭引起的。是某種核之類的東西。我不知道是不是跟水有關，還是他們發生了什麼事。它像一朵雲，不過沒有戰爭。像一場暴風。我看到的那些魚大概就是那樣子死的。和水有關係，像是雨水。」

因為她過於激動，我想最好讓她離開這個令她感到無力的絕望場景。「我沒辦法救所有的人。」她強調：「可是他們在哭，他們在哭。太多人生病了。我不知道他們是誰。我一個都不認識，可是我好替他們難過，我愛他們。」她抗議：「我不知道為什麼是我。為什麼是**我**要做這件事？那個朦朧的東西說我不應該害怕。我是因此被派到地球。我不知道為什麼是**我**。——噢，他有一雙漂亮的眼睛。我從他感受到好多的愛。然後他好像碰了我的額頭，可是他並沒有手指。我突然間就回到了身體。我站了起來走出房間。」

她凝望窗外黝黑的夜空，不安地抽菸，試著釐清這個經歷。「我知道我不是在作夢。我以前從來沒有坐著作夢過。我記得**所有的事**。他說我**必須**記住。這真的會發生，可是我不知道是在哪裡發生。」

由於她太難過了，我認為我們最好離開那個場景，移動到下一個經歷，因為顯然我們也無法找到更多的資訊。在鎮定她的情緒並給予放鬆的指令之後，我讓她往前到一九六三年的九月，她還是大學生的時候。她立刻回到那個時間，開始鉅細靡遺地描述她在學校的寢室，還談到她的室友也是她最好的朋友。我引導她前往夢到嬰兒怪夢的那晚。她馬上開始描述她所看到的畫面。

凱：我在一個房間裡。我像是……醫院裡協助護士的志工。

朵：協助護士的志工？

凱：是啊。你知道，就是那些在醫院工作的女孩。

朵：是什麼讓你認為自己是其中的一個？

凱：因為我在育嬰室，這裡有嬰兒，我穿著有口袋的圍裙。這是為什麼我看起來像是醫院的助護。——不過我很怕這些嬰兒。

朵：為什麼你會怕小嬰兒？

凱：因為他們長得很奇怪。他們的眼睛好大。而且他們好聰明。

朵：你怎麼知道他們很聰明？

凱：因為他們會彼此談話。

朵：用嘴說嗎？

凱：不是。他們在水裡。水蓋過他們的頭，他們整個浸在水裡。他們像是對著彼此思考，但我可以知道他們在想什麼。其中一個知道我有膠囊。他會說出來。

朵：你說什麼膠囊？

凱：掉在地上的那個。那只是個普通的膠囊。像藥一樣。你可以看到裡面。

朵：裡面沒有東西嗎？

凱：喔，裡面有東西，不過你還是可以看穿過去。我看不懂它是什麼。

朵：你說他們之中有一個會說出來？

凱：（孩子氣的口吻）是啊。他會告我的狀。他很氣我。我在腦袋裡聽到的。

凱莉描述裝著嬰兒的容器是邊緣呈圓弧狀的大盆子，看起來像是用類似透明塑膠的材質做成。她知道那跟塑膠不一樣，但也不像玻璃那麼硬。房間裡有很多這種容器。她數了數，然後說至少有十五個，最多十七個。它們被放在某個東西上面，因此她不用彎腰就能看到裡面。「它們都用一條透明管連在一起，水就是這樣注進去的。管子通往每個容器，容器與容器之間都有管子，穿透一個又一個，像是條水管。它連到牆壁上，那裡有可以旋轉和按壓的鈕。我不知道它們的用途。那不是我負責的事。有個女子進來，轉了轉鈕，確定嬰兒們沒事。她喜歡他們，會跟他們說話。我的工作是觀察這些嬰兒，照顧他們。我必須檢查水。我必須檢查溫度還是什麼的。寶寶都是大頭小身體。我不喜歡他們。他們好醜。」

朵：他們一直都在水裡嗎？

凱：嗯。我沒看過他們從水裡出來過。

朵：你以前看過這個嗎？

凱：當然。很多次。所以我才能在這裡工作。

她描述那個女子雖然看起來苛刻，一臉嚴厲，但就像一般人類的樣子。「她是我的主管，可是我不喜歡她。她很兇。她不是大老闆。」

朵：大老闆是誰？

凱：在另一個房間的男子。

朵：你知道他的長相嗎？

凱：我不確定。我不進去那個房間。

朵：這個房間裡還有其他的家具或東西嗎？

凱：我沒看到家具。只有容器和裡面的嬰兒。我必須在嬰兒之間走來走去，檢查溫度和水，確定水位夠高。有些嬰兒閉上眼睛，有些睜著。他們看起來全都很像。好醜。有些容器是空的。藥丸就是要放進那裡。

朵：你能告訴我過程嗎？

凱：她把藥丸放到大約一寸的水裡，透過管子在底下加水，然後又放了其他東西到水裡。我不知道是什麼。她用小瓶子裝著，隨身攜帶。她會放一撮進去。就像你煮飯的時候會放一撮這個，一撮那個。然後她把膠囊放進去。膠囊溶解，開始長出嬰兒。

朵：這會花很久時間嗎？

凱：不會。我不確定多久，因為我不是一直都在那裡。但我知道不會很久。

朵：你認為這些是人類嬰兒嗎？

凱：不是，他們太醜了。如果是人類，他們一定是生病了。
朵：你認為他們是什麼？
凱：我不知道。
朵：好，你有出去過這個房間外面嗎？
凱：有。但我不知道我們在哪裡，這裡很大。
朵：像一間醫院嗎？
凱：(停頓，然後小心的口吻)我不知道。我想有點像。像軍事單位。
朵：為什麼你覺得像軍事單位？
凱：因為必須聽從命令，你不能想去哪裡就去哪裡。
朵：你怎麼到那裡的？
凱：醒來就在那裡了。
朵：你在那裡會待多久？
凱：噢，至少一整晚。
朵：離開以後，你又會做什麼？
凱：睡覺。醒來。然後那就是個夢。
朵：你說你常做這個工作？
凱：噢，是啊！我想是從我十四或十五歲開始的吧。不是每個人都被准許去照顧嬰兒。我不知道我是怎麼到那裡的。但我必須照顧那些寶寶。

朵：你沒有選擇？

凱：對。不能離開那個房間。

朵：你知道他們會對嬰兒做什麼嗎？

凱：他們會長大成人。長相很奇怪。

朵：你看過成人的樣子嗎？

凱：他們很高大，非常瘦。他們有很長的手臂。我沒有靠近看過他們。

朵：長大後的臉是什麼樣子？

凱：就像他們還是嬰兒的時候——醜。他們有大大的眼睛，臉形削瘦到幾乎沒有下巴。他們的眼睛……他們的眼睛像油，會變色。是黑色的，水水的。

朵：會變什麼顏色？

凱：紫色、藍色，像汽油。

聽來像是有許多顏色的浮油。

朵：他們長大以後的皮膚是什麼顏色？

凱：我覺得嬰兒長大後看起來很好笑，紫紫的，灰灰的，看起來生病的樣子。嬰兒的皮膚幾乎是透明的，透明到你可以看到他們的血管。大人也有點像是那樣。

朵：他們長大以後有穿任何衣服嗎？

凱：我無法分辨。但他很瘦，手臂很**長**，長到腿。我是遠遠地看到他，看到他站在樓梯的最上面往下看。

朵：這個房間有樓梯嗎？

凱：沒有。那是在房間外面。你不能出去。那是在我不應該去的門外。我是在那個女士出去時看到的。

朵：聽起來門外面的空間比裡面大。

凱：是的，很大。

朵：那麼他離你遠到你看不清楚他的手。你可以現在看著嬰兒，告訴我他們有幾根手指嗎？

凱：嬰兒的手指真的好長。他們有大拇指，可是是很怪地長在手的**上面**，在手腕附近。

朵：他們有幾根手指？

凱：我不……我不喜歡碰他們。

朵：你必須碰他們嗎？

凱：是啊。我必須調整他們在水裡的位置。如果他們的身體亂翻，你必須伸手進去，把他們翻過來，讓他們的頭往後仰，這樣他們才不會翻過來亂成一團。他們的身體不能動，所以會躺錯在自己的手臂或某個東西上。我必須把雙手放到水裡翻轉他們。水的感覺很怪，好像有潤滑液在裡面。

這是我的工作，不過他們不太喜歡我，有時還會瞪著我看。

朵：這些嬰兒是從哪裡來的？他們有媽媽和爸爸嗎？（這是凱莉在催眠開始前寫下的問題）

凱：他們是從膠囊來的。

朵：膠囊是從哪裡來的？

凱：有人在製作膠囊。

朵：在另一個房間嗎？還是哪裡？

凱：一定的。不是在這裡。

朵：你怎麼知道他們在膠囊裡？

凱：因為他們從膠囊長出來，長出小小的頭和小身體。

朵：你知道他們為什麼要讓這些寶寶生出來？

凱：我不知道。我只負責照顧嬰兒。他們不會傷害到誰。他們只是長大成人。長成看起來好笑的人。

朵：當他們從水裡被帶出來，你有看過他們嗎？

凱：沒有。那時候我也不能抱他們。

朵：所以你不知道你是怎麼到這個地方的？你醒來就在這裡了？然後你回去睡覺，醒來後就是早上，在自己的床上？（對。）你從來不知道你什麼時候還要再去？

凱：對，我不知道。

情況越來越明顯，我們無法挖掘出更多資料，因為她沒離開過那個房間。我結束了這次的催眠，帶她回到完全清醒的意識狀態。從她的身體和臉部的跡象可以清楚看出，她處於很深的出神狀態。她完全沒動，只有臉部有表情。即使是在哭泣的時候，身體都沒動。當我開始倒數，引導她脫離出神狀態，在她再次意識到自己的身體時，她明顯地抽動了一下。醒來後，她對催眠的過程完全沒有印象。

等她完全清醒過來，我請她照我事先的指令，畫出嬰兒的模樣。凱莉是很有才華的專業畫家，在最初做過那些夢之後，她自己就已經畫下來了。她現在潦草地速描出嬰兒的樣子，我後來跟她寄給我的圖做了比較。她一邊畫，一邊解釋兩者間的小差異。在畫成人的手時，她畫了三根手指頭，並說手和前臂幾乎一樣長。在她最初的畫裡，他們有四根手指，這次她說她覺得三根才對，而且不想更改。畫到孵化器時，她說：「這次我有股衝動，想要在旁邊加個東西，像是有東西把它們連在一起。我最早的畫沒有畫這個。」當她在畫盆子和連結的管子時，她突然往後縮了一下，大聲說道：「噢！我想起來了。我有把手放進水裡面。」

我們笑了。這顯然是她最初不記得的「夢」中細節，而且令她討厭。她最後畫的是另一個女子開門時她瞥見的那個外星人。他站在樓梯的上面，背著光，所以她看不清楚他的五官。但她知道那是嬰兒長大後的模樣。她念大學時曾畫過這個成人站在螺旋式的樓梯，往下看著一群人。她不知道那個靈感是從哪裡來的。她把畫取名為「但丁的地獄」，還因此得了個獎。她保留那幅畫好些年，現在卻遍尋不著。當她替我速描那幅畫面時，她有印象那不是樓梯，而是某種光束（跟她畫的太空船內部圖也許一樣是螺旋形)。她答應要把其他憑記憶所畫的圖寄來給我，雖然我們現在得到的細節顯然比最早她畫圖的時候還多。

我離開康妮家時已是午夜，凱莉當時仍在問催眠的事，我說要康妮跟她說。我因為隔天早上還要開車去小岩城參加會議，必須趕緊回家了。我知道我凌晨一點才會到家，但能跟凱莉說到話就很值得。

在後來的幾年間，我發現其他調查員也有嬰兒圖的影本。有些調查員說那是人類和外星人混種的實驗品，不過這個理論和凱莉在催眠下所說的完全不同。她堅持那些嬰兒不是人類，而是外星人。她寄給我的太空船內部圖顯示，她在這個持續的經驗裡一定曾經有走出那個房間的時候。

過去幾年，我會在演講時展示這些圖。我總是描述那是艘巨大的母船，從內部圖看得出有很多樓層。然而現在我一邊寫，一邊納悶這是否有別的解釋。凱莉會不會是在一個地底的實驗設施呢？我會這麼想是因為她提到軍隊之類的環境，還有另一個看似人類的工作人員。她從來沒有說那是在哪裡，只提到她醒來就在那兒了，她也從來沒能解釋她是怎麼被送到那裡的。在我的經驗裡，唯一大到能容納得下這種設施的東西就是母船，所以當時才會這麼假設。現在我卻懷疑是否如此。

其他個案也報告了凱莉所說的災難場景，雖然細節不盡相同，但都是地球發生了類似的劇烈變化。我連在外國做幽浮回溯催眠時都遇到類似案例，而當事人對美國在這方面的「趨勢」並不知情。我收到的郵件也證實，有許多人透過生動驚人的夢境、靈魂出竅和靈光乍現，看到了類似的異象。這些場景和異象是從哪裡來的？它們真的是對未來的驚鴻一瞥嗎？或者如同諾斯特拉達姆斯在《與諾斯特拉達姆斯對話》三部曲裡所描述的，它們是時間線上的或然率和可能性？如果它們是可能的未來，那麼它們就能被人類的心靈影響和改變。這是對我們揭露這些事情的背後原因嗎？

當我打電話給凱莉，徵求她的許可在本書使用她的故事時，她告訴我，五年前她為了一個與此無關的個人問題去見一位心理學家，並在治療期間說出她的怪夢。那位心理學家的解釋是凱莉小時候一定曾經被性虐待；至於凱莉完全不記得任何被性虐的記憶並不重要，那一定就是答案。然而，那個「夢」或異象並沒有任何性的意涵，凱莉看不出兩者之間的關聯，我也看不出。有些心理學家和心理醫師在面對不尋常的事件時，總是固守著教科書，不肯去探索不同的解釋。他們的訓練告訴他們，不會有別的解釋了。

我的朋友莉安，是另一個資訊被藏在夢境狀態的案例。她四十出頭，在佛羅里達州擔任身心障礙孩童的老師。她的父母跟我是老朋友，每年她都會來阿肯色州探望他們。莉安對通靈現象一直很有興趣，最近的焦點則是在形上學。因為她的父母並不瞭解這些主題，每次她來阿肯色州，我們都會花很多時間討論這些事。一九八八年的夏天，我們依向來的方式見面；到地方上的一家餐廳，找張角落的桌子，然後一聊就是好幾個小時，直到店家打烊。她的父母永遠也不瞭解我們聊這麼久是能有什麼收穫。

凱莉畫的太空船內部圖

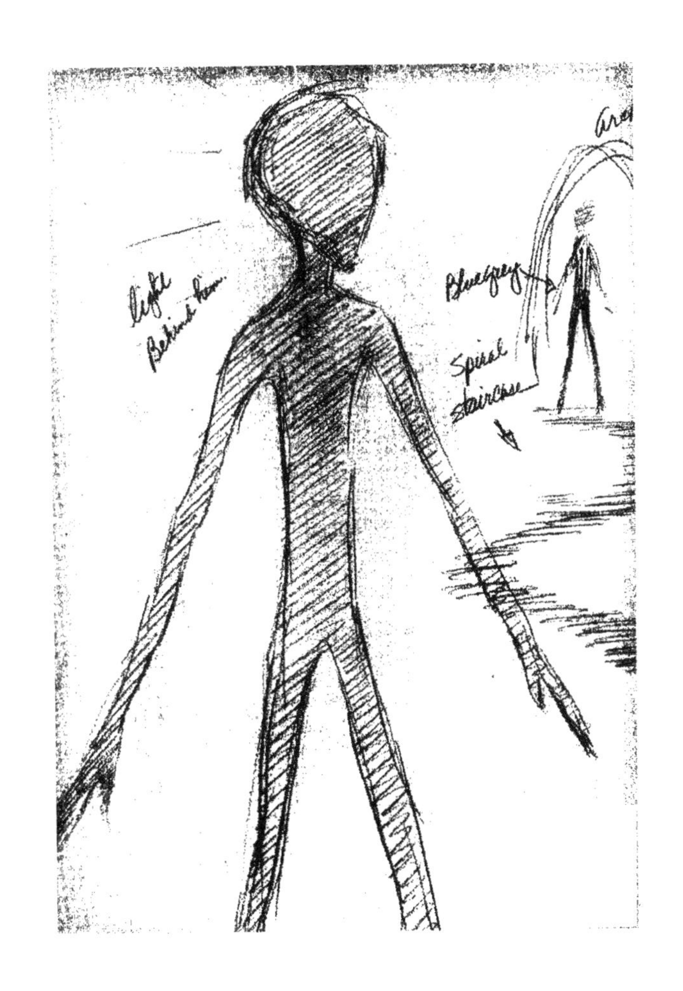

凱莉畫的外星人剪影

凱莉畫的外星太空船內的育嬰室

凱莉畫的外星人

You could see the veins.
The incubator —
Clear material
Clear fluid
The Baby

凱莉畫的外星寶寶

在這次的討論，莉安敍述她在大約六個月前遇到的奇怪經歷。她認為那可能是靈魂出竅，但隨著她越說越多，我認出那是典型的幽浮綁架案例。在此事件發生前，她從未閱讀過跟幽浮有關的書。事件過後，她才讀了一本阿斯塔指揮部的書，（譯注：Ashtar Command，有些人據說能接收到名為阿斯塔的外星人或外星群體的訊息，他們稱他是「星際聯邦宇宙大艦隊指揮官」，並描述他的外型貌似白種地球人。）並認為自己的經歷如果真是和外星人有關，她遇到的類型就是這種金髮藍眼並且抱持善意的美麗存在體。

我的感覺是，如果這真是典型的案例，她很可能會發現某件令她幻滅的事，所以我要她確認她是否真的想要探索。她躍躍欲試，顯然相信這會是美好的經驗。我們約好了催眠時間，騰出一整個下午。

莉安的阿姨和舅舅也是我的朋友，他們一樣無法理解姪女對詭異事物的興趣，不過他們出城去了，我們知道在他們家催眠不會受到干擾。我們坐在客廳的椅子，我請莉安對錄音機說出她記得的部分。我向來喜歡先替訪談錄音，這樣我們就能知道意識記憶的內容。要不個案事後有可能會說，催眠並沒有什麼新發現，因為他們記得所有的經過。但事實上，催眠總是會補上事發當時所不知道的細節。

莉安不曉得該怎麼描述那個體驗，所以就稱為夢，然而它的性質顯然不是夢。她還記得那晚的日期和事件前的情形。莉安和她的先生麥克，還有他們的兒子亞當，計畫要去探視他們的姻親，她因此到了很晚還在洗衣服。麥克和亞當都睡了，她一個人在客房摺衣。她注意到的第一件事是眼角外有小小的影子。她已經注意過這些影子好幾次了，它們跟房裡會投下陰影的東西都不一樣。它們會在地板或牆上，總是在一個低的平面。但當她定睛看過去，它們卻又消失不見。只有眼角餘光能瞥到它們。其他人也曾報告過這些影子，通常是發生在跟外星人接觸的開始。當然，它們可能和鬼魂或靈魂有關，但似乎跟外星人有越來越強的關聯。

我對這個現象有個理論，雖然目前無法證實。有越來越多人猜測外星人和他們的飛行器是來自另一個次元。假使這是事實，那些影子可能是他們正要進入我們這個次元的初始階段，只是還沒有物質化／具象化。我的假設得到莉安説法的支持：「又看到那些小影子的時候，我心想：『今晚別煩我。我不想被打擾。』」那似乎是不尋常也沒頭沒腦的一句話，除非她的心智把那些影子聯想到了某種存在的實體。

摺好衣服後，她去淋浴，打算等一下要來看書。當她躺下來閱讀時，大約已是凌晨一點。她立刻就睡著了，還很突然地就從上方俯瞰著自己的身體。她以為自己在作夢，但那似乎是靈魂出竅。「最有趣和最興奮的，就是當我看著自己身體的時候，它在我眼中是一具空殼。我**知道了**一個沒有靈魂的身體是什麼樣的感覺。感覺完全的空無，全然的空虛，一種空。我第一次清楚知道那種感覺。我好興奮。我不是同時在兩個地方。我看到自己的身體在床上，但很確定自己不在那裡面。」

接著，情形有了變化。一陣急迫感讓她必須回到身體裡，因為她覺得她需要起來上個廁所。她回到了身體，但在還沒來得及下床前，就有一個很吵、很高音調的聲音立刻出現在她的耳邊。她描述那像是電鋸發出的聲音，高而尖鋭刺耳。她有一半仍清醒的心思試著合理化：「現在是晚上了。

哪個白目鄰居會在晚上這個時候用電鋸？」她說你必須要用自己知道的東西來定義。然而她知道那不是她第一次聽到這個聲音。那個聲音聽起來很熟悉，好像以前也聽過。

之後的幾年，我發現也有其他個案在事件開始前聽到引擎聲（通常是高音調）。這是另一個符合可預測模式的面向。但她接下來說的話就不尋常了，留下的印象也很不愉快。

她感覺自己不再是躺在床上，而是頭下腳上地懸在空中。接著又有一種私處被戳刺的感覺。和性的感覺無關，比較像是被某種工具觸碰。然後，想要小解的感覺又來了。有部分的她在想：「我要尿床了。我感覺自己像是被倒掛著，但又在睡覺和在這張床上。這實在是太奇怪了。我想回去。我知道我再不回去就會尿床，床會被我搞得一蹋糊塗。」

然後，她覺得有個器具放進了她的喉嚨，她有噎住的感覺。她心想：「他們要殺了我。我會噎死。」晚餐整個被吐了出來。她聞到一股噁心的膽汁味。她想：「我就知道床會被我弄得亂七八糟。我不只尿床，現在還吐了。這一定不是夢。感覺太真實了！」她敏銳地感受到那股氣味，這一定是正在發生的事。

然而感覺來得急也去得快，她發現自己又躺了下來。她想醒來，於是看向臥室有玻璃拉門的地方。「房間裡很亮，我的意識想著：『咦，為什麼房間這麼亮？外面很黑啊。為什麼光會從拉門進來？我知道我有把門關上的。』於是我往外看，還是我出去了。我不記得了。外頭應該有一個露台，還有一個有棚子的泳池，但它們都不在那兒。原本是游泳池的地方是一張桌子，而且有道非常明亮的白光。我真的認為自己是在房間的床上，所以看到這個情景時很驚訝。露台和泳池不見了，反而出現了這麼一個明亮的房間。我還記得看到了人，褐色膚色、沒有穿任何上衣。我想著：『我的露台怎麼了？如果這是我的露台，為什麼桌邊這些人沒有穿上衣？』我像是從心智的兩個部分同時在觀察事物，可是沒有一個說得通。」

這些是她最後記得的事。「我感覺比較鎮定了，覺得自己恢復了。我知道自己醒著，不過沒有立刻睜開眼睛，因為我不想看到任何東西。我不知道自己躺在那裡多久了，但當我睜開眼睛，我看到房間就像晚上該有的情況——黑漆漆的。我想：『啊，我回到我的房間了！』我從來不趴著睡，可是那時候我是趴著的，而且很放鬆。我想不起來自己有哪次是在這麼放鬆的姿勢下醒過來的。床沒有一團糟。沒有嘔吐物，也沒有尿濕，被單整齊得像是我幾乎沒有翻過身。時鐘上的時間是三點，所以已經過了兩個小時。我不覺得想去洗手間。我做的第一件事是檢查拉門，而它就跟我記憶中一樣，關得好好的。然後我去看我的兒子，再去看我老公，他在沙發上打鼾。一切都沒有異狀。我接著打開所有的燈，進到廚房抽菸。當我坐在廚房抽菸時，我看著天花板想：『那看起來不是很好嗎？那個物質實相。』然後我摸摸桌子：『噢！這感覺不是很好嗎？這是物質的，是實心的。在這裡不是很好嗎？』我認為這是一次奇怪的靈魂出竅經驗，而我覺得回到身體裡很美好，身為這個世界的一部分很美好。有個血肉之軀並且能欣賞我現在所擁有的肉身是件美好的事。當麥克醒來，想要知道我醒著沒睡到底是在做什麼時，我就是這個感覺。我說：『噢，親愛的，我剛剛做了一個好奇怪的夢。』」

如果這是因為消化不良或胃不舒服所造成的惡夢，為什麼莉安醒來時感覺會是正常的？她並不覺得噁心，也沒有吐。

那個奇怪的夜晚更令人困惑的是，如果她的身體真的被戳刺，隔天那個部位應該會有些刺痛。然而，她並不覺得有什麼問題。所以她的結論是，那一定只是一場夢。

討論過後，我們進到她阿姨的房間進行催眠。當她進入了良好的出神狀態，我指示她回到一九八八年一月，事件發生那晚的家裡。她重新經歷了摺衣的部分。看到這些情景重現，她覺得很有意思。

莉：我可以看到房間。我看到我穿的衣服，甚至真的看到牆壁上的照片，而不是靠記憶回想。這就像是回憶，但你能把回憶視覺化嗎？本來不就該是這樣的嗎？用看的和回想是有差別的。

我必須讓她的心思不要去分析情況，只要單純報告自己看到的事物就好。如果個案持續分析，他們會轉換到腦子愛判斷的那一邊（譯注：指左腦），然後改變催眠過程。我對她解釋，用這個方法回想比較容易。

莉：可是這樣我就沒有投入。

朵：如果你不想投入就不必投入。你有這個選擇。你想要的話，可以用旁觀者的角度去看。這完全由你來決定。控制權在你手上。

她開始描述房間。接下來就是注意到那些影子。

莉：它們總是那麼靠近地面。我永遠也沒法真的看到它們。它們不像牆壁上的影子。那些是物體投射的固定陰影。這些就好像是突然出現在那兒，可是馬上就消失不見。

她摺完衣服後覺得累，想要上床休息，而且立刻就睡著了。當我問她是否整夜都在睡覺時，她輕聲地答：「不是。」她沒有告訴我原因，反而流露出痛苦的表情。她的臉和身體動作顯示有事情正在發生，只是她不肯用言語表達。終於，她深深嘆了口氣說：「我不想回想。」我給了她感覺安好的指令，強調她會非常安全，她可以從一個客觀報告者的角度去看事情的經過，一切都不會有問題。

為了讓她有信心，我花了幾分鐘的時間安撫。她的呼吸很深且不規律，我知道有事情發生。雖然她沒說話，她一直把手伸出來，溫和地碰觸我的手臂，像是想確定我在那裡，而她不是獨自一人。她每隔一段時間就會這麼做。這似乎能幫助她確認我是真的在場，沒有離開她。她似乎很受發生的事情影響，也因此影響到我問問題，然而這也讓她的注意力再度回到我身上。她一定是在觀看和體驗到一些事，只是沒有說話的衝動。終於，她脫口而出：「這真是瘋了！」我向她保證，我聽過很多怪事，她說的任何事都不會令我訝異。我試著說服她，如果她開始跟我聊，情況就會變得容易些。

莉：你在嗎？

朵：我就在這裡。我會陪你經歷這整件事。你不會是一個人。不管情況聽起來有多麼奇怪都沒有關係。你現在看到什麼？

莉：（她終於開始敘述）我在裡面。我不在家。他們在說話，不過我不曉得他們在說什麼。我不喜歡那裡。

朵：那裡是什麼樣子？

莉：我們在室內。在一間房間裡。我不喜歡它的味道。

她的表情明顯是聞到了不愉快的討厭氣味，做出皺鼻之類的動作。當我要求她描述那個味道時，她很難說明，卻堅持要描述得正確。由於她無法把那個氣味連結到任何熟悉的東西，所以變得更難解釋。「不乾淨。腐爛。不像死掉的東西。聞起來不像堆肥，也不像腐爛的魚。只是很刺鼻，不知道這麼說對不對。比較高頻的腐爛……雖然這樣說很沒道理。像是黏答答的腐爛物。和我曾經聞過的都不一樣。也不像膽汁。比膽汁還難聞。」她一臉厭惡，似乎很介意那個味道。於是我下指令，她在描述事件時不會受到氣味的干擾。我們用這個方法把氣味阻隔，氣味就不會實際困擾到她。

莉：那是個房間，不過和我想像中的不同。這裡有人。啊！（微笑）不是阿斯塔。

我要她描述她看到的東西，但她沉默下來，變成一個旁觀者。她看到的事物顯然令她痛苦，我可以從她的臉部表情和眼睛的動作看得出來，它們比肢體動作更清楚傳達了這點。她的呼吸很大聲而且不自在。她身體的主要動作就是伸出手碰觸我的手臂，確定我還在。她很專心在體驗當下發生的事。

突然間，她脫口而出：「他們為什麼不停下來？不要再戳了。我不只是看到，我還感覺到。」我耐心地試著說服她告訴我發生了什麼事，而我的提問似乎讓她的注意力又回到我身上。「他們的眼睛好大。」她深深嘆口氣說，「這和我希望的不一樣。我希望的是比較靈性的接觸。一個智性的接觸。」她停頓了一下又說：「停下來了。我想我現在在桌子上。」然後她開始描述房間裡的人。「他們的頭是淺褐色，但不是米色。……黃褐色才對。我想他們有穿衣服，只有頭始終露在外面。他們的手臂比我們的長。他們不高，沒有毛髮，看起來類似《交流》書裡的人，除了他們的皺紋比較多之外。眼睛是杏仁狀的，在臉部的比例上算大，比我們的眼睛大。沒有眼白。他們的瞳孔很大，虹膜很黑，幾乎是黑棕色。他們其實是沒有鼻子的，只有鼻孔，沒有延伸的東西，沒有其他可以被叫做鼻子的部分。他們也沒有耳朵，只有洞。他們的嘴跟我們的不一樣，他們沒有嘴唇和牙齒。」

朵：他們哪裡的皺紋比較多？

莉：他們的手臂比較多皺紋，脖子也皺皺的，像皮革一樣。你知道的，就像那些皺皮的狗？

朵：沙皮狗？

莉：這是很好的形容。肩膀的地方沒有皺紋，但是可以動的關節部分都是皺皺的。手肘和前臂內側也是。

朵：臉有皺紋嗎？

莉：沒有，他們的臉比較平滑緊緻，像是很好的手提皮包那樣的光滑。不是柔嫩皮膚的那種柔軟，比較像是皮革表面，他們脖子的皺紋較多，而且很瘦。

她描述他們的手有三根手指，一根是往外翻的反方向大姆指和兩根手指。她試著去看他們的腳。「他們有跟我們一樣的關節。有肩膀、手肘和膝蓋。不過他們的腳跟我們不一樣。他們的比較扁平，不像我們的腳背那麼高，他們的腳跟也寬些。我沒看到腳趾。」

其他人對外星人的腳也做過類似的描述，最明顯的是《星辰傳承》中的案例。在那本書裡，個案描述外星人的腳像鴨腳或手套，扁扁的，沒有蹼。

朵：他們的手指有指甲嗎？

莉：我不記得了。如果要我猜的話，我會說沒有。

這也跟所有的報告一致。那些存在體通常沒有毛髮，所以也沒有指甲，因為指甲和頭髮的細胞結構是相同的。這類存在體似乎沒有製造毛髮的基因。

莉：他們在戳我。我一點也不喜歡。一點也不喜歡。現在沒事了。之前被刺被戳，又動彈不得，很討厭。這比生小孩時還糟。

我要她告訴我他們戳刺的位置，但她對於討論這點似乎很不自在。所以我問他們是否有用任何東西。她描述她看到的器具：「冷冷的，很光滑。我猜是類似金屬的東西。不是不銹鋼。你知道當你去看婦科醫師時，有時候那些器具是冰冷的？不過那不是婦科醫師的器具。其中一個像吸管，尾端有某種構造，像是用來刮還是什麼的。那是他們檢查下半身時用的。」

莉安接著描述器具放置的地方：「有一個由某種白色物質構成的櫃台區。房間裡的一切都是內建的。櫃台的部分、抽屜、所有的東西，都是從牆壁的表面拉進拉出。如果你需要把東西放在別的東西上面，你要把它從牆壁裡拉出來。我猜他們這樣是為了旅行或什麼的時候，不一定要在這個房間裡放東西。所有的東西都被推進去牆壁。」

我請她描述其他的器具，但她的注意力已轉移到周圍的環境。「我不喜歡這裡。這個房間是圓的。房間裡有光。我剛剛有說嗎？我已經不是躺著的了，不過躺在桌上時，上方有燈。然後他們就把我倒掛起來。」這顯然是令她不安的部分。事情發生的時候她說不出來，現在能跟我說是因為那部分已經結束了。「我覺得自己像是被套在馬蹬裡，你感覺自己在那裡像是頭牲畜，頭下腳上地被吊起來。」

朵：不是很舒服的姿勢。

莉：對。（停頓）我現在光著身子。他們在戳刺的時候，我沒有穿衣服。不過現在沒關係了。那個味道也不見了。那個味道很臭，很不一樣。那是在別的地方，另一個房間。這個房間很乾淨。

朵：味道是從別的地方來的？

莉：不管是哪裡，那個房間不乾淨。這是個非常乾淨的房間。沒有臭味了。除了……不該對人做那種事。不該戳。我的意思是，那就像是不尊重你的身體。呵！好大的震撼啊，莉安！事情不該是這樣的。

朵：那裡有多少人？

莉：除了戳我的人，另外還有兩個人……人？呵！……就只是站著看和說話。但我不知道他們在說什麼。

朵：他們有發出聲音嗎？

莉：有啊，他們會發出聲音，不過我沒辦法形容那個聲音。他們的語言有一種音調上的結構，類似音樂的音調，可是說話的模式聽起來比較空。就像你如果透過……（有困難描述）機器來說話，它會取代你的聲帶，但聲音很空。也像是用吹奏風琴的方式發出的聲音，只是那不是風琴。一種空空的聲音。不是電腦。有點像機器的聲音。空洞。

我懂這個定義。我認識一個因罹癌而割除聲帶的男子，他也是用機器說話。只要聽熟了、聽習慣了，就能瞭解他在說什麼。那種聲音有種單調、振動的效果。

這個描述與《星辰傳承》裡的潘妮所描述的很像。她也說她聽到外星人發出奇怪的音樂聲調而不是說話。

朵：這些人全都看起來很像嗎？

莉：他們看起來基本上都一樣，可是眼睛不同。

朵：怎麼說？

莉：他們的眼睛有差別，要不就是臉；他們敏感／感受的程度不一樣。就像所有的白人看起來都一樣，他們就是白人。而所有的黑人看起來都很黑。他們都有相似的地方，不是嗎？可是你會透過他們的眼睛或別的什麼來區別。他們現在就有很柔和的眼睛。你瞧，我現在覺得沒事了。我已經沒有被吊掛著。我現在看到的這個的眼神很柔和。同樣的眼睛形狀，但比較……有愛心。他剛剛也在，不過只是旁觀。他不是用東西戳我的那個。

朵：你能看到他們還做了什麼其他的事嗎？

莉：可以啊，我想我看到了。可是我不想談。

朵：好吧。我只是想現在找出發生的一切，這樣你就不用再做一次（譯注：指催眠）。

莉：我們不會再做一次了，好吧？

朵：沒錯。

莉：對，我們不會。我會說的，但不要再一次。好嗎？

朵：沒問題。只是談談發生了什麼事。

莉：好吧。我知道這個感覺——不，我不懂這個感覺——我明白了。他們採集排泄物。他們看起來好像在發射某種雷射光束或什麼的進去。他們在角落那邊。因為這個房間是圓的，所以其實也不能說是角落。機器發出聲音。有點像我聽到的聲音，不過跟我記得的不太一樣。那是高頻率，我猜是光束發出的。（這可能就是她以為自己在床上時聽到的電鋸聲）他們收集排泄物。我不懂他們拿那些東西要做什麼。我選擇不去看。但我想……有個什麼在想：「幹嘛管他們在做什麼呢？又有什麼用？」……這一個，這個男的……這個善解人意、有著仁慈眼神的存在體很和善。在我被那樣子吊起來又被放下之後，至少還得到這一點尊重。我不喜歡被吊起來。他是來安撫我的，並不是說我感到焦慮，我只是感覺：「他們為什麼做這麼噁心的事？」那也不是變態那種噁心。我想，相對於被……（她有困難解釋）侵犯，那比較像是調查……科學方面的……。但至少他們還有這個敏感度，知道在檢驗之後要安撫我。

別的個案也描述過類似這樣一個有愛心的外星生物，我在其他書裡也有提到。個案通常會把安撫他們的個體描述為「護士」類型，有時差別僅僅在於眼神。有些人說，即使他們區分不出外星人的性別，這個外星生命散發出一種女性的感覺。

朵：你說他們穿著衣服？

莉：是啊，討厭的那幾個有穿。他們穿藍色的套裝。其他在檢驗室的人穿著同類型的白色連身衣。那裡比較是個無菌環境。他們的脖子很長，所以衣服的領子很高，但脖子還是有部分沒被遮住。套裝領子上露出皺皮。(在我的想像中，那是一種中式立領。)

朵：你在他們的衣服上有沒有看到表示階級或身份的標誌或類似的東西？

莉：讓我看看。(停頓)你不要完全相信我的話。這可是突然冒出來的，好吧？是個圓形，在中心點上面有三條波浪線條。我猜那是一個使人平靜，一個安撫的符號。

朵：這個符號在哪裡？

莉：噢，他們配戴在胸前。(她的手勢顯示是在左肩上)我想是在白色的制服上。

我下指令，她會記得那個符號並在醒來後畫給我看。接下來，我想知道她對那個房間還記得哪些事。

莉：那裡的光。我不知道光是從哪裡來的，除了主要的光是照射在桌上。又大又圓，但不是日光燈。它沒有你去看牙醫時的那種光的熱。你知道那種會發熱的光？它沒有那種熱度，也不像我想像中醫生手術房裡的燈會有的熱。這個光就像那麼亮，但你感覺不到半點熱度。這個房間很亮，不過我不知道光源在哪裡。似乎是從牆壁出來的，可是我看不到任何我認得出的燈光裝置，所以不知道光的中心點或光源在哪裡。

這樣的描述在其它幽浮案例也曾經重複出現，他們說光源似乎來自天花板和牆壁，整個表面都被照亮。

莉：這個房間有個栓在牆上的長桿子，類似讓殘障人士抓握的那種不鏽鋼。不是一直條，是環繞牆壁的圓桿。它的質地跟不銹鋼一樣細緻，但不冰冷。牆壁有弧度，就像一間圓形的大房間。說「大」，也不是真的很大。它不是很寬闊。如果你躺下來往上看，你會看到一個像是觀察室的地方，在那裡的人或生命體可以往下看，觀察檢驗室裡的情形。我想說那是玻璃，因為是透明的，不過大概不是玻璃。可能是某種會防止細菌擴散，或不論在進行什麼都不會讓它暴露在外的東西。很像醫院有的那種觀摩室或觀察台。只是我想醫院觀察室的位置是在更後面一點。這個不一樣。它像是玻璃窗，你可以看到後面有人站著觀察。但不像你在電視上看到的那種醫學院學生會圍成一圈觀察的情形。不一樣。

朵：站在玻璃後面的外星人跟房間裡的是同一種嗎？（**是的。**）你能看到房裡還有什麼其他的東西嗎？

莉：我想說……不像我們想的那種有鍵盤和螢幕的電腦。完全不像。我猜有監控器，不過跟我們的不一樣。這些用途多少是內建在牆壁裡。它們看起來是用相同金屬做的，像是不繡鋼，旁邊有操作面板和按鈕。沿著室內牆面是不同的工作站。其中一個有看起來很複雜的顯微鏡，他們正在進行的工作會出現在上面的螢幕。另一個工作站有兩個平衡得很巧妙的卡鉗和懸臂，這是用來拿取和處理小到無法用手指拿的極小物體。那種微型工具類的東西。面板上有彩色的光，還會發出聲音。

朵：機器聲？

莉：不，不像我們的機器。那個聲音的頻率比較高。聽到的聲音和出現不同光的模式之間一定有某種關聯，不過我不知道是什麼。

朵：還有其他的聲音嗎？

莉：聲音？有啊。你知道是什麼嗎？一定就是那個聲音。我剛剛說這個檢驗室裡的聲音像是比較高的頻率，像牙醫的鑽頭。另一個聲音——雖然聽起來沒什麼道理，但我還是要說，那個就像是圓鋸機的嗡嗡聲——是真的。那一定和引擎或什麼東西有關。它讓這整件事有在地球的感覺。

朵：可是另外那種電腦類的機器發出的聲音並不一樣？

莉：噢，對呀！那個聲音優美多了。沒有變化，但比較優美。不像是圓鋸機的聲音。

朵：好。現在我要問你，你是怎麼去到那裡的？你可以旁觀，不必再體驗一次。你是怎麼到這個房間的？

莉：我跟你說我想說的，不過你不要完全相信。這好像是唯一有道理的事。有個念頭冒出來，就是我必須透過某種方式被心靈傳輸或被抬起來。不是太空船進來我房間做什麼。不是的，我還是要回到光束效應。不過我現在就像是有兩個心靈在同時運作，所以我也不確定到底是怎樣。

朵：只要說你想到的事情就好。不要擔心分析的事。

莉：（大嘆一口氣）我像是被某個方式傳送到船上，但身體卻沒有像《星際爭霸戰》（Star Trek）裡演的那樣分解。我猜一定是某種光束效應。因為我想到了物質實相，就像你的房子的結構，我也想到回來的事。他們一定是用這個物理光束包住你的身體。也許分解分子結構，好讓它被光包覆，讓它不是實體。然後光束就對身體的實體性質發揮它的效用，再帶著整個分子結構走。

朵：不要擔心有沒有道理。你想到的是這些，那這就是我們要處理的部分。

莉：我想到的是這些，沒錯。

朵：你在那裡從頭到尾只看到長得都很像的外星人？

莉：我想說那裡有兩群人或是生物。第二群是實驗者。第一群穿著藍色制服。他們比較像蟲，和其他人的身體大小不一樣。他們沒有胸，比較瘦長，更扁平。他們的附肢比較長。

朵：你說他們比較像蟲是什麼意思？

莉：他們不一樣。他們的眼睛凸出，而且是在頭的兩側。頭的部分主要就是眼睛，像昆蟲一樣。我不記得有看到鼻子和嘴巴，不過我猜他們一定有嘴巴。還有，他們沒有胸部。你知道，其他人有胸部，就像我們一樣，有骨骼。他們比較像是一種很大的……我想說「螳螂」或「竹節蟲」，這是就結構來說。但他們大得像人，像我們一樣，而且脆弱——不過我想他們不可能像螳螂那樣脆弱。他們是那種單調的像昆蟲長相的生物，有很長很瘦的手臂。一點都不像人類的手臂，不管是形狀或樣子都不像。

朵：（我試著讓她多描述一些）他們的頭也沒有毛髮嗎？

莉：沒有，他們不一樣。他們比較像蒼蠅。黑黑的，咖啡咖啡的，直和易碎的毛髮，不過不是很多。就像蒼蠅一樣，有腿毛。僵直乾枯的毛髮，不是軟軟的。你知道，他們有那種像是電影裡那種凸凸的奇怪眼睛和下垂的附肢。

這個描述和《地球守護者》裡菲爾在太空船上看到的生物符合。其他被綁架的人也看過這類外星生物。第五章的貝芙莉就報告了類似的種類。

莉：這些人——他們不是人——甚至不像……有演化。我表達不出我的意思。他們似乎不聰明。他們比較像蟲。雄蜂是不錯的形容。一隻雄蜂。

朵：你是什麼時候看到他們的？

莉：我猜他們從一開始就在了。我想就是他們有那個味道。一定是他們。他們一定是比較低等的生物，或是為了特定目的使用的某種東西。我剛剛還不記得，但這些生物從這個體驗的一開始就在了。就好像你告訴某人一個故事，說著說著才想起一開始時發生了什麼事。嗯，他們從一開始就在。我想說他們就像是招募來的人員。（咯咯笑）

朵：哦，這是很有意思的形容。

莉：他們帶我經過一個走廊，進到那個有味道的房間。（她再次皺起鼻子）現在我腦袋閃過……我猜是他們住的地方。我不知道為什麼我會在那裡。

朵：那裡是什麼樣子？

莉：我可以告訴你……只要那個味道能……（她又受到那個味道的干擾）

我給予暗示，好讓她談到那些生物時，不會因為氣味而感到不舒服。

莉：它只是要集中你的注意力。不過我現在聞不到了。這裡很**暗**。不像其他房間。這間很暗，而且……潮濕。可是怎麼會是潮濕的呢？我不懂，但感覺就是這樣。我明白了……我想那是衣服。某種套裝。它們在地板上，就像消防員的衣服。你知道，我們小時候去消防隊時，他們會把靴子和其他東西都堆成一堆。這些衣服全都堆放著，可是沒有靴子。這些衣服是某種布料，只是材質比較像是石油製成的產品。

朵：你在這個房間只看到這些嗎？

莉：是啊。我現在在這裡坐上一會兒。

朵：你在那裡的時候穿著衣服嗎？

莉：是耶，我有穿。我穿著睡衣。哈！我穿著睡覺時穿的長襯衫，上面寫著：「彩虹不會被炸沉！」

（譯注：**You can't sink a rainbow.** 綠色和平組織曾經有一艘名為彩虹勇士號的漁船，但在一九八五年抗議

太平洋核試時遭到法國炸沉，之後該組織再找一艘船替代，即提出這句話作為口號。）好玩。（咯咯笑）

朵：那麼你是穿著上床時的睡衣。好。我們回到另一個經驗。至少後來有個外星生命對你很好。他有對你做什麼或和你溝通嗎？

莉：有啊，他摸摸我的手臂，碰碰我的臉，還有眼神接觸。我猜那是為了安撫我。我聽到……我可以**感覺到**聲音。不，他沒有說話。他在安撫我的時候，甚至沒有傳送之前那種怪異的言語。

朵：還有沒有發生別的事？（她深嘆一口氣）我想已經夠你受的了吧。（笑）

莉：我想是的。我不想再想起更多的事了。

朵：沒有問題。那接著你就被送回來了？

莉：對啊。我是怎麼被帶回來的？（停頓）現在我們在溝通了。我站在他們的白色房間，又穿著我睡覺的長襯衫。

朵：溝通什麼？

莉：我不知道。我可以看到我自己，我很高興。現在我覺得沒事了。我不記得了。

朵：重要嗎？

莉：我不知道。我希望不是。

朵：如果重要的話，你的潛意識總會記起來的。

莉：那基本上是……我會跟你說，但我不知道是不是真的或正不正確。那是離別的問候，還有，對，「我們還會再見面」那樣的約定。

朵：好。但接著你是怎麼被送回到你的房間？

莉：我和那個和善的男子走在走廊上，經過那股惡臭。現在我們在臭房間的外面。（停頓）我不記得了。我連看都看不到。不過這一定跟同一種光束的來源有關，不管那是什麼。

朵：你認為那是你回到房間的方式？

莉：我不知道還有什麼別的方式。（咯咯笑）我確定沒有交通工具在我家降落。

朵：（笑聲）你記不記得看到太空船的外觀？

莉：我現在可以看到。它——不是圓形的——比較橢圓。（手勢）這樣子橢圓，底部比較圓。

朵：然後你就回到了你的房間，一切都好好的沒事，不是嗎？（她發出肯定的感嘆）那時已經不那麼糟了。一切都結束了。你感覺如何？

莉：現在？當我觀看那個經歷時我並不喜歡，也不喜歡去想它。我的語氣現在聽起來很生氣，對吧？

朵：有一點。

莉：但當我鎮定下來再看，事情結束後我並不憤怒。我的感覺如何？你真的想知道嗎？我想這些都是我虛構出來的。

朵：可是這件事有可能發生會讓你感到困擾嗎？

莉：會困擾我嗎？（沉思）不會。

朵：我想那可能是他們不讓你記得的原因，因為他們不想在當時和之後令你困擾。

莉：沒錯。

我引導莉安往時間前移，並在喚醒她之前下了許多安好的催眠指令，好讓這次的體驗不會為她帶來困擾。

催眠結束後，我們喝飲料，放鬆一下，然後我給她一本圖畫紙簿和簽字筆，請她把記得的事情畫下來。她對自己不是很會畫畫感到抱歉。

後來莉安諷刺地說道：「阿斯塔呢？我真寧願跟阿斯塔一起旅行。」

我們笑了。即使這個經驗與她預期的不同，但我知道她不會有事。接著她花了點時間，試著界定那仍在記憶中徘徊不去的恐怖氣味。那個味道似乎很困擾她，她決心要找到某種比較。

「那個氣味……不像我聞過的其他味道。你知道臭雞蛋的味道，不過也不像，比較像硫磺。它不是有機的（譯注：指不是有生命的或並非來自生物體）。你知道有機的東西爛掉的味道很可怕。那個味道不一樣。那個味道像是……燃燒……像金屬。我們以前住在芝加哥的時候，旁邊是煉鋼廠。它讓我想起工廠燒金屬的氣味。像是鋅的味道。當鋅燃燒的時候是什麼味道？」

我毫無頭緒。「我不知道。所以那像是燃燒的味道？」

「不是燒焦味！是像腐爛、酸酸的味道，可是和金屬有關。我想說鋅。我一直想到鋅。可是我不知道燒鋅會有什麼味道。或者像石板。如果你燒石板，那會是什麼味道？那個味道跟屍體腐爛的

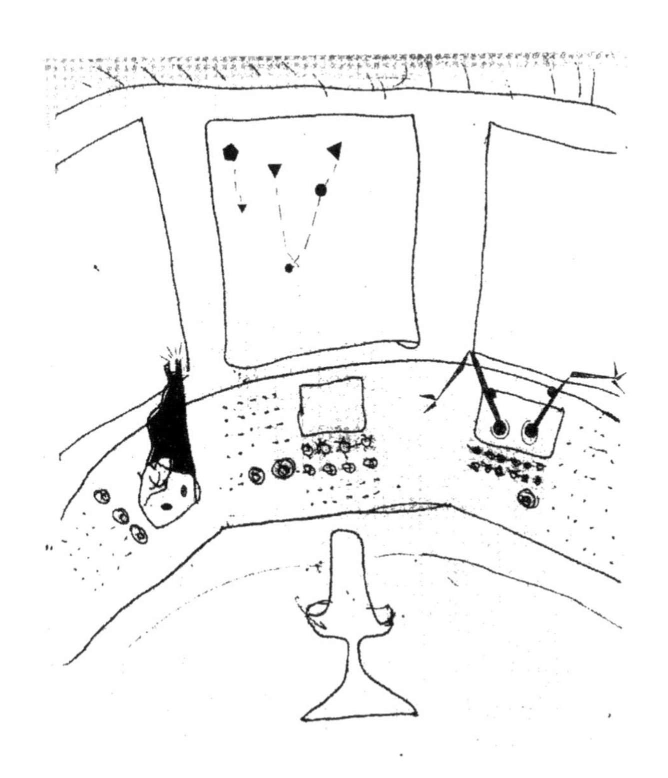

莉安畫的儀器板、顯微鏡和卡鉗。許多其他個案都看過類似的場景：控制面板和架設在弧形牆面上的螢幕、有把手且能操縱小物件的儀器、將細胞影像投射到較大螢幕的顯微鏡等等。螢幕上也常出現星際圖。

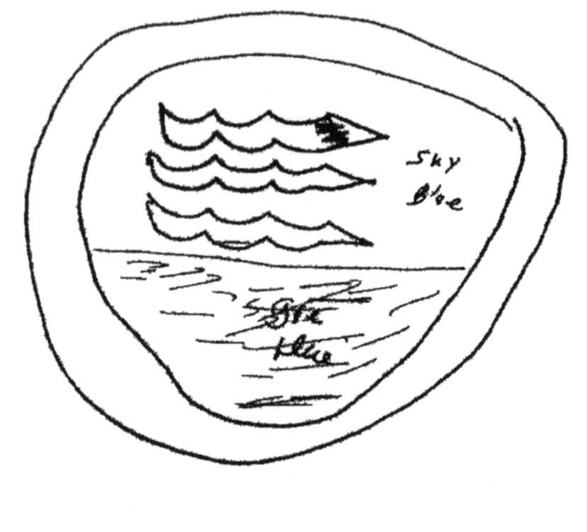

莉安畫的佩章

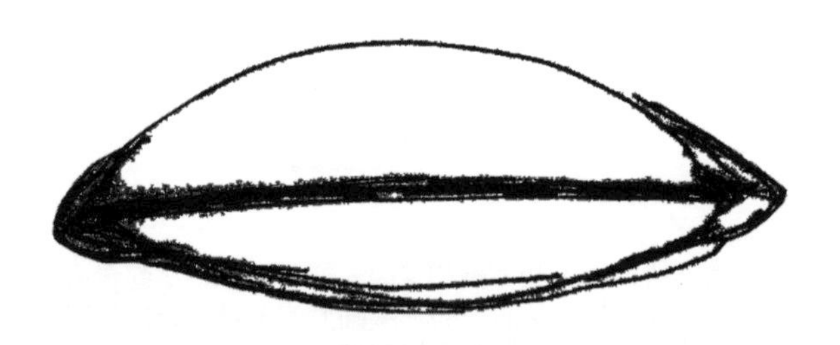

莉安畫的太空船

味道不一樣。它不像垃圾或有機的東西。它不是硫磺。我一直想說那是比較偏向金屬而不是有機的。」

「這麼說不曉得能不能安慰到你，不過其他人也聞過奇怪的東西，而且也不曉得該怎麼形容。」我調查的第一宗案例就提到令人反感的氣味。個案是位名叫克莉絲汀的女子，她一進入太空船就難受到要病倒了。一股難以忍受的氣味撲鼻而來，她很難描述那是什麼味道。她最接近的聯想是電子物品的燃燒味，類似燒焦的引擎。她認為那不是外星人本身的氣味，而是從一個供應動力的房間散發出的味道。當她問起能源，他們說除非她具有電磁和結晶結構的知識，否則沒辦法理解。她看不到任何能打開那個房間的方法，只看到他們的手經過某些控制鍵，門就開了，東西也跟著移動。當然，我們沒辦法知道這兩個女子看到的太空船是不是同一類型，但她們不約而同提到一種燃燒的氣味倒是很奇特。

莉安解釋，催眠一開始，當她的身體被檢查時，她有困難描述而且不想敍述是怎麼回事。「我不想投入。我只看一眼就知道發生了什麼事。那就像是另一面的我在說：『你不想做這個。你不想記起更多的事了。』情況有一度是：『噢，帶我離開這裡。』」她咯咯笑道。

我解釋：「如果潛意識認為你還沒準備好要看，它的安全機制就會這麼做。」重要的是了解在催眠開始前，莉安期待的是一個完全不一樣的經歷，而這使得事情更有真實性。如果她是在幻想，那她就會是和金髮藍眼的阿斯塔一起在太空船上，而不是想像這麼令人不愉快的事。

幾天後，在莉安回佛羅里達州之前，我們又見了一次。我在對話還清晰地留在腦海時，把大多數的內容寫了下來。

她說催眠的事連著困惑了她好幾天，腦子像是有兩個部分在互相爭執。她第一件事就是向我道歉。我很驚訝，不認為她有什麼需要道歉的地方。她說她很抱歉跟我說了這些謊，虛構出那麼詭異的故事。（我知道事情不是這樣的，但我由著她說。）她又說，另一部分的她也想知道為什麼自己會編造這樣有違常情的故事。她本來期待是個美好的經驗，即使和宗教無關，至少也是知性的。她推論自己會說這種謊，捏造如此令人厭惡的事，意味著她這個人既反常又病態。這場內心的爭戰持續了兩天。但現在她感覺好些了，她下了結論：不，她不反常，也不病態。她知道自己很正常。只是問題依舊：「故事從何而來？代表什麼？是真的嗎？」

我告訴她，我認為她如果是在幻想，也應該是場愉快的經歷才對。真相對她來說根本是個震撼。如果她幻想的內容無可否認是有違常情且病態，那麼她應該會覺得很享受，或為了那種扭曲而興奮。但相反的，她只覺得噁心反感。對我而言，這更證實故事的真實性並排除了幻想的說法。她後來想到，她的兒子可能也曾有過什麼經驗。這個想法讓她的胃很不舒服。就像是：「如果不能保護自己的兒子，我還算是什麼媽媽？」「是什麼生物會想傷害一個小孩？」她也懷疑兒子的心靈和潛意識有可能受了傷。為了這件事，我們談了很久。基於我調查過的其他案例，我確實懷疑她的兒子可能也涉入其中，但我不想讓她不安，因此沒有對她提這個可能性。她是自己想到這點的。重要的是，她兒子似乎在意識上沒有任何這類事情的記憶。其實這樣就好，不必窮追不捨。

大約一個月後，莉安從佛羅里達打電話給我，花了近一小時和我討論這些事。她仍然很難面對，也很難替它定位。她只和一位心理學家朋友談過這個經歷，對方向她保證這很正常，不過就是個幻想。莉安問她為何幻想會這麼令人不愉快，對方解釋那是因為她嚴格的天主教背景，性很骯髒的概念無疑地被深植在她心裡。我認為這個解釋很有意思，因為這個經歷並沒有專注在她的性器官。當然，莉安也沒有接受這個解釋。

莉安還提到一個不尋常的餘波盪漾。那是有一天她在鬧區時的事。她看著一棟白色大樓的起霧窗戶，這在佛羅里達當地很常見，因為熱的關係。就在她抬起頭仰望時，心裡忽然浮現那間有觀察窗的白色房間，也再一次想到那些在上面觀看她的外星生物。她告訴自己這太瘋狂了。當她再度望向那棟大樓，她看到窗內只有一些正在做運動的人。

我想她慢慢地會替這個經歷找到一個位置並處理它。催眠得到的資料太奇怪又陌生。她是個聰明且非常穩定的人，應當能夠妥善處理。但她還沒辦法去聽錄音帶（其他我合作過的人也有類似狀況），不過我跟她說這個情況很常見，而且也一樣會過去。

過了一週左右，莉安在深夜打電話給我，劈頭就說：「跟我說實話。我真的遇到那種事嗎？」這是很棘手的問題，我必須審慎回答，以免對她的日常生活造成影響。我告訴她實相是很難描述的。我花了很多時間和她討論，告訴她這件事不論真假都不重要。重要的是那個記憶給她帶來了什麼影響。最後，她決定不再閱讀幽浮方面的資訊，也許是因為她太常去想了，心裡老掛著這事，她決定這陣子先看形上學的書就好。我同意她最好不要再去想這個經歷。她當時即將去加拿大度假，我認為這樣最好不過。她說前晚她做了個惡夢，感覺也非常真實。她因此說服自己，如果惡夢（她很肯定它只是個夢）能那般真實，那麼那次催眠也就只是和夢有關。我說如果這麼想她會比較好過，那這就是看待這件事的正確方法。菲爾因應的方式也是相信自己有很狂野的想像力。

從莉安對檢驗的敍述可以看出，外星體驗不一定總是和性器官有關，不見得都像那些精子或卵子被取出的案例。外星生命也會研究排泄物（糞便和尿液），還有尚未完全消化的食物。

或許他們是為了更容易從胃裡取出食物，才把莉安倒掛起來。雖然我們會覺得很討厭，但研究這些事對他們可能具有實質上的科學意義。我們不能去批判自己並不完全瞭解的事。

奇特的案例在這些年間層出不窮。到了一九九〇年代末期，我已經在幾個不同的國家旅行，調查其他調查員和心理學家審查過的案例。我從來不曉得這些案例會帶來什麼後續，不過到了一九九七年，我已經越來越分辨得出幻想案例和尋求他人注意的個體。

伊迪絲是一九九七年十一月我在英格蘭南部處理的個案之一。從一開始的催眠前談話，我知道了她近來曾受貪食症之苦。雖然她堅持那已經不是問題，但她的醫生很擔心她的血球數量不正常。我懷疑伊迪絲有心理問題，聽著她解釋自我誘發的貪食症起因時，我的懷疑又多了幾分。她四十歲

（不過看起來不到這個年紀），孩子都已成年。她前不久剛和一個二十幾歲的年輕人結婚。她的親戚似乎是她許多問題的根本原因，包括貪食症在內。他們痛斥和批判她：「他到底是看上你這種老女人哪一點？」她原本的自尊問題已反映在她無法長久做一個工作，現在親戚的評語對情況更是毫無助益，於是她變得貪食，希望能讓自己更有魅力。我個人看不出這麼做有什麼意義，畢竟那個年輕人愛的是原本的她。為什麼她會覺得需要改變？我懷疑她需要超過我所能提供的心理諮商，尤其是我能給她的時間有限。我把焦點放在她相信自己曾經有過的幽浮和外星人經驗上。不過在進行這類工作時，你必須把個案的整個人格都納入考量。

她說她作過很怪的夢，在她看來，若不是跟外星人就是和靈魂有關。她的家人對此完全幫不上忙，他們對超自然現象一點也不瞭解，又不斷批評伊迪絲對這方面的興趣。

她報告的主要體驗發生在去年（一九九七）。當時她一覺醒來，發現房裡有個人影正朝她的床鋪靠近。然後她就什麼都不記得了，只記得後來的夢。她夢到自己躺在桌上，周圍環繞著很多人。在那夢境般的恍惚，她聽到他們在討論她，說出了個錯和流了很多血之類的話。她因此確定他們對她做了什麼，還抽了她的血，才導致她現在的身體狀況。她要我在催眠中探索他們抽血的原因，還有他們要她的血做什麼。她相信如果這是真實的經歷，那必然是負面的事。

療程剛開始時，我並不知道是否會有什麼結果，因為我真的相信這個女子的問題是由較深層的心理因素所造成，跟外星人的關聯只是一個可怪罪於他人的藉口。若真是如此，那麼她的潛意識將會告訴我。

當她進入深度的出神狀態，我引導她回到事發當晚她的公寓裡。（她很確定日期，因為她有寫日記的習慣，她把這事寫了下來。）由於房間很冷，她醒了過來，然後憂心地說：「這裡有個東西。它在看我。它在看我。它就在我的床旁邊。」

她描述一個寬約九吋（約23公分）的物體，發著橘色和黃色的光，物體的中間有個大水晶或鑽石。她驚惶地從棉被裡往外窺看，注意到還有其他的生物也進到房裡。其中一個很高，有著類似人類的蒼白膚色，旁邊伴隨著三個像是白色發光球體的小生物。她不怕他們，只覺得好玩。當他們用冰冷的手指碰觸她的手臂和臉時，她覺得他們很可愛。高大的那位拿著那個奇怪的發光裝置，對著她前額中央發出一道光。他對她解釋，這不會傷害她，只是會更容易把她從家裡傳輸出去。她也被指示，當有道光束投射下來包覆她時，她必須躺著不動。接著她便從床上浮了起來，他們不知怎地就在外面了，而且在往上飄浮。這時伊迪絲開始顯示呼吸困難，我必須移除她的生理感受。下一刻她就到了一艘巨大的太空船裡，她並不記得是怎麼進去的。她被帶到一個很亮的房間，光似乎是從牆壁和天花板散發出來。那個房間裡面有更多生物，不過她說跟陪伴她的那些白色的柔軟小生物不一樣。他們比較醜，但不是真的醜，只是不一樣。他們比較矮胖，紫褐色的，而且頭更大。小小亮亮的生物看起來比較軟，這些生物的皮膚看起來則比較粗糙。她因為躺在桌上不能動，所以無法碰觸他們，也不知道實際上摸起來粗不粗。

他們接著把一個機器帶到桌邊。當她看到機器發出來的光進入自己左半邊的肋骨間時，她很擔憂地喊：「會痛！……不過……不痛。」

高大的外星人用心靈跟她溝通，說這不會傷到她，他們只是要修復她對自己的胃造成的損害。她納悶他們為什麼要從她的肋骨而不是嘴進去。他解釋，從旁邊進入比較容易。當她在心裡聽到那些外星生物說出了錯時，氣氛突然變得焦慮。他們很擔心，因為她的胃出了很多血。需要修復的地方比原先估計的多。她已經失了許多血，身體越來越虛弱。她聽到：「你千萬不要傷害你的身體。它很特別。」然後他們用光替她止血。

我很好奇她為什麼沒有注意到自己的內出血。他們說她終究會發現，只是到時可能會更難修復。他們用某個「像針，但不是針」的東西，對她的手臂注射一種白色液體，還解釋「他們放進比較好的血細胞來抵消損害。某個能改善血細胞運作的東西。讓血液含有較多的氧。」

在他們準備離開太空船前，高大的那位對她說他會再來看她並為她做檢查。她在他的身邊不僅感到安心，還有種彼此原本就認識的感覺。他說她在轉生到這一世之前，他們曾經在一起。還有，他已經很老、很老、很老了。

下一瞬間她便發現自己躺在家裡的床上。滿心的疑問則在墜入夢鄉後很快消散。到了早上，除了那個暗示他們抽血，傷害她的夢之外，她什麼都不記得。現在事情很明顯，由於貪食症導致的不斷嘔吐，她的身體受到了損害，而他們只是想要幫助她。

她因為血球數很低，醫生很擔心她，也不理解她的身體怎麼還能運作。醫生說她應該會失去意識才對。她的潛意識告訴我，不需要去擔心低得不正常的血球數。這對現在的她來說是正常的，她的身體可以這麼運作下去，不會有問題。「血球數量沒有意義。只是低總數而已。低數量通常是氧的指標。但她的氧供應量卻多了許多，雖然她的血球數量小。」胃部的傷害已經被修復，醫生的檢驗將不會找出什麼毛病。

這件事大概會被當成一個謎，但只要伊迪絲的身體沒有問題，最好也就別去管它。

這個案例顯示出意識會如何解讀令人不安的夢並做出錯誤結論，以及深度出神催眠下對情況的正確理解。伊迪絲醒來後，我們做了討論，她能瞭解她對夢的記憶和認知是錯誤的。太空船上的外星生物並沒有傷害她，反而修復了她因虛榮和自我懷疑所造成的傷害。

第五章　埋藏的記憶

就如夢有時會藏有潛意識深處的真正體驗，記憶，也同樣會被時間所扭曲。小時候，我們會以一種比較簡單和天真的方式去認知事物。長大後，我們對童年時期情感受創的事件卻有了不同的看法。假使記得一件事令人痛苦，那麼那個記憶往往會被掩埋。我們要直到透過催眠找回記憶，並再次經歷那個事件時，才發現事情往往不是那麼具威脅性。而從大人的眼光去看，一切都明瞭了。

我曾有些個案想找回遺忘的事件，他們認為自己之所以不記得或記憶被壓抑，一定是因為那是可怕的事。然而，透過催眠，我們往往發現事情的解釋很簡單。舉例來說，那可能只是一個惹火父母的錯誤行為或淘氣舉動。壓抑對事件的記憶也不意味這其中涉及了任何肢體懲罰。原因通常只是父母生氣了。此外，不知怎地，現在有個很普遍的解釋：如果有某事一直被壓抑，那就一定跟幽浮和外星人脫不了關係。然而，我發現十個案例有九個和外星人毫無關聯。這是為什麼我告訴調查員，永遠要從簡單，而非複雜的解釋開始探討。換句話說，在考慮詭異的因素之前，先找最簡單、合邏輯的解釋。

透過最深層的催眠，真相總會浮現。事實無法被隱藏，除非說謊或捏造是個案生活裡正常的一部分了。

在這種情況，個案就可能說謊或幻想，因為那是他們的天性。但這類案例很少見，他們的故事也非牢不可破。如果他們是在幻想，故事不會一直維持不變，反而會在複述時出現變動。他們會加新油添些醋，給故事更多的渲染。此外，故事也會跟我已經發現的模式不合。

當然，我有可能尚未完全掌握到構成一個模式的所有要素，這是永遠無法排除的可能性。未來可能會有某人帶著故事出現，呈現出我尚未探索過的全然不同面向。我必須對這個可能性保持開放，不要自動關上了所有的門。然而話又說回來，即使有新的思考方式，依然會有符合模式的元素。調查員的工作顯然並不容易，尤其又是和治療結合的時候。

以下幾個案例之所以浮現，就是因為我對所有的可能性保持開放的態度。

法蘭是個四十幾歲的離婚婦女，一頭鮮豔的紅髮是她最明顯的特徵。她對自己在一間很有名望的事務所擔任執行長感到滿意。她在一九八八年的時候來找我，想透過催眠探索一些特別鮮明的記憶。她在密西西比州的農場長大，但從未聽聞那類鄉村地區的幽浮事件。事情就在她沒有接觸過任何類型的神秘或超自然書籍和主題的情況下發生，留下了模糊且難以理解的記憶。

法蘭還記得小時候曾有幾次看到自家上方出現奇怪的光，長大後也曾有光跟過她的車子。由於這些事情沒有合理的解釋，她推測它們可能和幽浮有關。奇怪的是，事發當時她毫不恐懼，但和她在一起的人都嚇壞了。她沒有其他同樣性質的意識記憶，於是我們決定針對這些目擊經歷去探索。

我做過許多催眠，個案都只是對目擊的經驗記起更多細節，因此我們並沒有期待會挖掘出什麼非比尋常的事。此外，法蘭有個想在催眠時順道瞭解的私人問題，那是我會稱為「業力關係」的問題。她從小就跟祖母有過摩擦，她想不通是為了什麼，因為她很愛祖母，但她有個感覺，自己好像曾經做過冒犯祖母的事。如果摩擦的起因不是在這一世，那麼回溯前世的催眠確實能對此做最好的處理，所以我並沒有很專注在這個問題，我只是記錄下來，想著如果有時間就會追查。

法蘭是個理想的個案。她令人訝異地自動回到了童年時的一起不尋常事件。由於潛意識不會沒由來地浮現某件事，我決定先問一些問題再說。

她回到了七歲的時候，重溫自己那個年紀的經歷，而她的言談舉止和臉部表情都驚人地符合年齡。七歲的她盤腿坐在床中央，正在玩一套小瓷盤。這事之所以不太尋常，因為那些盤子是祖母的，她是不准拿來玩的。但她認為只要在一張大床上玩，要弄破也很難。她拿著小水罐、杯子和小盤子，高興地發出咯咯笑聲。她說：「它們不是我的，不過被我拿來玩了。我爸爸在這裡，他教我怎麼玩。」

她口中的父親並不是她的生父，但他要求法蘭這麼稱呼他。顯然他不是陌生人，而是某個固定會來看她的人。我請法蘭描述對方，她說那是一個站在床邊，非常高瘦的人。「他身上披著一塊布，看起來跟我穿的衣服一點也不像。」描述到他的身體特徵時，她很遲疑。「我很難看著他。他的臉像是你用模型玩黏土，然後把黏土揉得很光滑的樣子。他沒有頭髮和眉毛，眼睛又大又黑……不過這真的不重要。」

他教她如何飄浮。他把手放在她的頭頂，她的身體和小盤子便一起升到半空中。有一點刺痛感，但她覺得很好玩，哈哈笑著邊跟他說話。就在這個時候，祖母非常突然地闖進來。她聽到說話聲，想知道房間裡是怎麼回事，她以為孫女在做什麼壞事。

法蘭的專注力被突然闖進的祖母打斷，小盤子全掉下來破了。祖母不懂她怎麼會打破盤子，便對她發了脾氣，法蘭堅持自己什麼也沒做。奇怪的是，祖母似乎沒看到那個人。他是在祖母從門口進來的時候就消失了呢？還是怎麼回事？

法蘭自動回溯到祖母和她之間的不愉快事件。小女孩覺得很生氣，因為她被不公地指責她不是故意做的事。當然，就算她解釋了關於「父親」的事，祖母也不會理解。法蘭會被指控是在幻想或說謊。長大後，她的意識雖然知道童年時好像發生過什麼，但在催眠之前卻一直想不起來。

我想對那個外星人有多些瞭解。小法蘭回答，從她有記憶以來，他就在她的身邊。他常在森林裡和她見面，和她一起走路、說話。「他教我如何聆聽，去聽見。聽大人聽不到的聲音。他教我怎麼去看那些大人看不到的顏色和東西。好美。」

朵：他來看你的時候，是怎麼來的？

法：(困惑)我不知道。他就站在那裡了。有時候我發現他在，我就走向他。有時候我知道他會出現。我不知道我怎麼會知道的。我心裡知道他會出現。

朵：除了在房子裡和森林，你還在別的地方見過他嗎？(她不太願意回答，大概從沒有對人談過這件事。)我只是好奇。你可以告訴我大人不會相信的事。有人相信你不是很好嗎？

法：是啊。他相信我。

朵：我就是這麼想的。但你在房子和森林以外的地方見過他嗎？

法：我想有吧。森林裡有光。很大的光。有樓梯可以走到光裡。他在我旁邊，我們從樓梯上去。

朵：樓梯通到哪裡？

法：到那個很大的光的下面。

她描述走上光做的樓梯。樓梯的頂端有一扇金屬門。灰色的，看起來像金屬，摸起來卻感覺很柔軟。那個外星人想讓她看看這個地方，但說她不能在這裡待很久。那裡有個走廊，還有可以通往很多房間的門口。可是那些門看來很怪，一層一層的。「有一個地方我不該去，我不能去大房間。這間就沒問題。」

在她被准許進入的房間裡，有一個看起來像是金屬的圓筒，座落在一個很合大小的平台上。「它很亮，不像門上的金屬。」我想知道圓筒多大。「還沒大到我能鑽進去的程度。如果我躺下來，大概會到我這裡（她的鼻子）。可是我進不去，它不夠大。照說裡面應該是要有某種動物。」

那個外星人手上拿著他從森林裡的鳥窩取的幾顆鳥蛋。他告訴法蘭，他必須把鳥蛋放在房裡。「這是為什麼我會進去的原因。」

朵：他怎麼處理那些蛋？

法：（孩子氣的聲音）噢，他把它們放到一個……一個東西裡……（指向左邊）。我不確定那裡有什麼。看起來很怪。有一點亮光，但看起來像某種布。可是……不像平常的布。他把蛋放在那裡。我很好奇他為什麼這麼做？

朵：你的意思是像窗簾？

法：是呀，有一點。可是這個不一樣。它有光。他說那是幫助蛋孵化。噢！會保溫。我喜歡觀察這種事。

朵：那麼他把蛋帶進去，觀察它們孵化，這是給你看那個房間的原因。

她試著用她童稚的方式解釋其他房間有更多這些槽，雛鳥會被放進其中一個槽裡，保護牠們的安全。

法：他們在槽裡放不同的東西，不同的動物。我不認為那些東西是從這裡來的。那個動物。牠不是這裡的。

朵：你認為牠從哪裡來？

法：星星。父親就是從那裡來的。

朵：那是很遠的地方，不是嗎？他有沒有說是哪裡？

法：他說我不會明白。他只說星星。

朵：哦，這可以解釋為什麼動物在槽裡比較安全。
法：我想是的。
朵：他有沒有給你看別的東西？
法：沒有。我們得走了。我們必須回去了。離開的時間到了。
朵：很好玩吧？
法：當然。我還想再去。（咯咯笑）他喜歡我的紅頭髮。
朵：是嗎？或許是因為他自己沒頭髮。（她哈哈笑）
朵：你們回到外面了嗎？
法：對。樓梯就像白色的光。很特別，你可以踏在上面。我回到森林後，父親用他的手指輕輕敲了我的前額，然後我一直聽到：「忘掉。」

我試著瞭解法蘭後來是否再見過他，或是和他有過更多的冒險歷程。但令人難過的是，他告訴法蘭，因為盤子事件使得她惹祖母生氣，他以後不能來了。他說法蘭必須把他忘了。我可以感覺到他對這個小孩有非常真切的情感，心裡其實不想離開，卻不得不如此。他似乎很開心能與法蘭互動，還有教導她那些事。他們之間就算還有其他互動，我也沒能在她的記憶庫裡找到。把他忘掉的暗示若不是很有用，就是他真的沒再出現過。

催眠療程的其他部分都跟法蘭的目擊經歷有關，但只出現很一般的資訊。

四十多歲的貝芙莉是位畫家，然而，以此為業不一定能換得溫飽。為了賺取生活費，她不得不接招牌看板的繪畫。令她訝異的是，這方面她做得還挺成功的。空閒時，貝芙莉仍追求自己的藝術表現。她住在一棟完全嵌在歐札克山區裡一處山坡的奇特房子，房子蓋得很像是在山洞裡生活，只有前面牆壁門窗所照射進來的光線才讓人感覺到戶外的存在。一九八八年，我們就是在那裡做的催眠。

貝芙莉想探索前世，希望能為健康和金錢問題找到解釋；這是我們最初的計劃，但潛意識常有其他的想法。由於它不會無緣無故提起某事，遇到這種情況我總是順其自然。浮現的資訊通常會是個案需要知道的，和催眠原有的打算反而沒什麼關係。

在催眠前的面談討論中，貝芙莉告訴我她有些一直忘不了的奇怪童年經歷。她並沒有因此煩惱，她把那些當成罕見而有趣的事。「一年級時，據說我和我朋友派翠西亞在放學後離家出走。學校對街有一大片森林地，我們去了那兒。我對在那裡的時候發生了什麼事、待了多久之類的都沒有印象。可是我們的父母都出來找我們了。我那時還沒有時間概念，因此不曉得過了多久。我家離學校有六個十字路口，當我媽找過來時，我們已經在回家的半路上。我一點都不記得那段時間發生了什麼事，只記得爸媽對我們離開那麼久非常大驚小怪。他們說學校三點就放學了。可是我們到家時天都快黑了。當時他們已經準備要報警。令我訝異的是，如果那是我第一次逃家，我應該會有印象，至少記得一部分情況，可是我完全沒有印象。我只記得我們過街進入森林。除了後來被找到和因此惹上麻煩，其他事都忘得一乾二淨，也不記得當時玩得開不開心。」

她一邊回想童年，一邊又提起其他奇怪的記憶。「我的房間在屋子的最裡面。我喜歡自己獨處。我經常回到房間，關上門好避開爸媽，坐在自己床上作白日夢。至少我認為自己是在作白日夢。我會坐在床上，接下來身子就會有點搖晃。等恢復意識時，人已經在地板上了。我媽說我大概是睡著後從床上掉了下來。可是我知道我沒有睡著。整個小學期間一直都是這樣。」

催眠前的面談討論涵蓋了許多她人生中的事件。我都是在這個時候瞭解個案，試著明瞭他們想在催眠下探索什麼。有時他們說的話會跟催眠內容有關，有時則否。在貝芙莉的情形，我記下來的不尋常記憶有好幾個。由於談到童年，她又想起另一個回憶：跟惡夢有關的負面記憶。

「這是我所能記得的最早記憶了，那一定是在三歲的時候。我夢到很大的蟲。我知道年齡是因為我記得我那時有隻狗。那些大蟲會上我的床，但沒有傷害我。牠們讓我聯想到『竹節蟲』，有著像昆蟲那種長長的身體和細小、脆弱的觸角，還有超大的眼睛。」

由於別的案例也提過「竹節蟲」似的外星人，這引起了我的注意。她是在形容外星人，還是只是記起了孩童時期的生動想像？我沒有讓她知道我聽說過昆蟲類的外星人。我想要她提供自己的描述。

「牠們不像蜘蛛那樣圓圓的，牠們是長型的蟲。有些蟲長得就像那樣，其中一種是竹節蟲，另一種是螳螂。牠們身體的正面上方有附肢，背後也有。牠們和我一樣大。當然，我那時還只是個小女孩。牠們沒有傷害我，可是跑到我的上面來時真的嚇到我了。我的床是單人床。因為我躺在床上，牠們由上而下俯看著我，看起來比我還大。牠們的身體沒有碰到我。牠們用觸腳類的東西撐著身子停在我的上方，所以牠們的身體和我的身體之間還有空間。房間裡通常會出現兩、三隻，最少一隻，但都只是一個勁地看著我。我從幼年有記憶開始就做這些惡夢了。那時我還沒看過電影，更別說是恐怖節目了。」這些巨蟲的顏色暗沉，有著類似螞蟻的大眼睛，但她很清楚牠們絕對不是螞蟻。

「有好多次我都是尖叫著醒來。有時我會起床，走到後院去找我的狗，把牠帶到床上和我一起睡。我媽不准狗進家裡。我怕黑，但我卻會在黑夜中走出去，把狗帶進來，讓牠進被窩裡和我一起，這樣我才能睡得安穩。我住的地方氣候很熱又潮濕，房子裡大多會有蟑螂。可是我沒有夢過蟑螂。暑假時我會到鄉下和祖母住，在那裡也從沒做過惡夢。」

隨著貝芙莉繼續回想，她又提起另一件讓她留下強烈印象，從沒忘記的奇怪經歷。那是一九七〇年代初期，她成年後的事了。當時她已婚，有個兒子，一家人住在休士頓的郊區。他們家是那條街上唯一後院光禿禿沒有樹的房子。這不重要，反正他們打算在那裡蓋個游泳池。有天，貝芙莉和先生在房子最後面的臥室睡覺，但一個怪聲音卻吵醒了她。

她邊笑邊說：「我知道那是一艘飛碟。我心想：『噢，又是他們。』不要問我這個想法是從哪裡來的。我根本不曉得飛碟會有什麼聲音。我醒來後一聽到那個聲音，直覺上便知道那是什麼。羅伯還在睡，從頭到尾沒有醒來。我覺得他沒有被那個聲音吵醒很奇怪，但我沒有叫他。就我所知，我並沒有下床，也不知道自己到底醒來多久。我只是繼續睡，沒有起來。不過正常來說我會下床。大多數人聽到後院有聲音都會起來察看，可是我知道我並沒有下床。」

我問她那個聲音像什麼，她的回答很熟悉。「聽起來嗡嗡的，像是高速飛機。」我們聯想了好幾個聲音，然後她找到一個接近正確的形容。「聽起來不像是飛機的螺旋推進器。你知道小孩玩的陀螺放在桌上旋轉時的那個聲音嗎？像嗚嗚或嗖嗖聲。一種高音調的旋轉聲音，像風轉得很快，只是聲音更大一些。那個聲音不是很吵。我的意思是，不是整個街坊鄰居都會被吵醒的那種音量。」

我提出那個聲音可能是直昇機，只不過這樣的話，聲音應該會更大聲才對，音調也不同。另一個聯想是：「也很像洗衣機在轉的時候，但我知道它轉得更快。我很確定自己沒有睡著。我躺在那裡聽，心裡想著：『哦，不過就是後院有艘太空船。』我並不害怕。就我所知，我只是回頭繼續睡。」

這確實是個奇怪的反應。晚上聽到奇怪的聲響，通常第一個念頭會是有人在後院，而他們可能會闖進屋子裡來。你的第一反應會是恐懼，然後大概會起床，看向窗外。我同意這些記憶都是奇怪的事件。我把它們記了下來，但我們最關心的是為她目前的問題找到解答，而不是探索幽浮。她說她對幽浮反正也不感興趣。

貝芙莉改變了話題，開始討論她的許多身體狀況。她從小到大都有醫生難以確診的奇怪症狀，情況很不尋常。「這已經到了變成笑話的程度。他們一直不曉得我是怎麼回事。即使做了很多檢查，還是無法有定論。他們始終沒能確定。我去大醫院檢查時也一樣。他們跟我保證會找出問題，但找不出來時態度就變得保守。我開了十三個小時的車，花了兩千美元的醫療檢驗費，卻還是不曉得到底是哪裡出了問題。這實在很令人沮喪。」有些問題至今仍在，因此也是她想探索的方面之一。她想知道為什麼她有這麼多身體狀況，又是怎麼產生的。她推測這類的業或許是源自前世。持續的金錢問題也令她擔憂。因此，當我們開始療程時，健康和金錢是我們的主要焦點，童年回憶只不過是有趣的旁線。

貝芙莉進入深度催眠狀態後，我用了照說能讓她自動進入前世的技巧，但她只看到各種旋轉的顏色。這種情況很常發生，而我可以讓她往別處行進。在我讓她進入更深度的催眠狀態後，貝芙莉開始描述現在這世的一幕。她再度變成第一天上學的六歲小孩，發出高亢的咯咯笑聲，邊說著她被留在廁所，並在偌大的學校迴廊上迷路的事。她並不害怕，反而覺得是探險。她以小孩的舉止和說話模式，詳細地描述她一年級的老師和朋友，也仔細介紹了學校的格局布置。

潛意識從來不會毫無理由地提起一件事，所以我想這或許是個完美的機會，可以探索她跑到學校對街森林裡的記憶。

朵：好，學校附近有森林嗎？

貝：嗯。就在對街，不是車很多的那條街，是小馬路。那裡有點陰森。我通常不進到森林裡面。不過我可以的！

朵：怎麼個陰森法？

貝：有那些樹木的地方很暗。不過裡面什麼也沒有，就只是很多樹。還有，很早就暗了。

朵：好，貝芙莉，我要你往前到你放學後和女同學一起走進森林裡的那一晚。女同學叫什麼名字？

貝：派翠西亞。
朵：好。現在是那天下午，學校放學了。所有的小孩都回家了嗎？
貝：沒有。他們在操場。我們只是到處閒晃。
朵：你以前有沒有進去過森林？（沒有。）為什麼你們決定要在這個下午進去森林？
貝：（嚴肅的語氣）我們要離家出走。
朵：是嗎？為什麼要這麼做？
貝：因為我們不喜歡家裡。
朵：這個做法很極端。
貝：嗯，他們活該。
朵：為什麼你們要離家出走？發生了什麼事嗎？
貝：沒有。沒事。我們只是決定要這麼做，因為我們不喜歡在家裡。而且，我們現在有時候也應該能去一些地方了。
朵：為什麼是現在？
貝：因為我們大了，已經上學了。
朵：不怕迷路嗎？
貝：喔，我們大概還是會回家吧。我不知道我們會不會永遠待在外面。我想有些小孩以前也曾經越過那條柏油路。那不算是一條街。你知道，就只是條馬路。我想其他的小孩也去過。

朵：好，跟我說說發生了什麼事。

貝：我們在裡面閒晃。樹木真的好大喔。沒有草。我的意思是，你可以走在樹跟樹的中間，地上有松針之類的東西，不是家裡院子的那種草。

朵：你們在森林裡做了什麼？（停頓）（她的表情和眼睛的動作顯示有事情發生）怎麼了？

貝：（困惑）我不知道。（停頓許久）我想我不應該說。我想我什麼都不該做。我不知道她在哪裡，可是我想我們什麼都不該做。

朵：誰在哪裡？

貝：派翠西亞。

朵：她不是跟你在一起嗎？

貝：（停頓）我看不到她。我想我凝結了。

朵：你的頭腦沒有凝結，它可以跟我說話，而且你完全不會覺得困擾。它知道事情的經過，還能跟我說話。

貝：像是……被抹得一乾二淨。像擋風玻璃的雨刷的作用一樣。

朵：什麼意思？

貝：我不知道。（手勢）弧形的。（手勢）它就在我前面。我什麼都不該做。

朵：你能看穿它嗎？

貝：我想我不應該看。

朵：我不會要你做任何會讓你惹上麻煩的事。我只是好奇。它是從哪裡來的？

貝：（停頓）我不知道。我只是在森林裡走著，然後……我想它是粉紅色的。（她開始害怕）像是個防護罩。（她的聲音顫抖著，眼睛泛起淚水。）就在我前面。（現在她像個小孩般毫不掩飾地大哭和啜泣）它讓我覺得我不能動（明顯沮喪）。

我說了些安撫的話，幫助她放鬆，不再情緒化。過了幾分鐘，大聲的啜泣停止了。我向她保證，她可以跟我說，告訴我發生了什麼事。她恢復了鎮靜。

朵：你說它是粉紅色的？

貝：是啊，是個粉紅色的東西，它好像會麻痺所有的東西，還有我的腦袋。它從我的一邊到我的前面再到我另一邊。

朵：就在你的面前嗎？

貝：我不知道。我知道的就這些。

朵：換句話說，你現在只能看到這些。（是啊。）當你們在森林中走動的時候發生了什麼事？

貝：我們可以看到裡面某個地方有陽光。我覺得很亮，也覺得很漂亮。陽光透過樹林灑下來。我想它沒有全部都照到。我想它是照在右邊。

朵：你知道陽光有時是這樣的。然後你們做了什麼？

貝：我想我們只是看著它。

朵：它是陽光嗎？

貝：（困惑）我不知道。我不能……這個粉紅色的東西……我什麼都不能做了。就好像它停止了一切。（手勢）它從這裡到這裡（就在她的視野範圍）。它沒有碰我。它很光滑，可是我無法透視它。它讓一切停止了。它讓我腦袋停下來了。不痛。我沒有任何感覺。我什麼都看不到，只看到這個粉紅色的**東西**。它**整個**在我面前，像防護罩一樣。

朵：你的腳下有什麼感覺？

貝：我感覺不到我的腳。我只覺得麻木。

朵：你有沒有聽到什麼？

貝：沒有。一切都**被停止**了。像是靜止的照片。我看不到更遠的地方……（嘆氣）淺黃色、粉紅色……它似乎凝結了一切。

朵：好吧。可是，記得這只是暫時的，它一點都不會令你困擾。

貝芙莉說不出任何感受，就好像她身體的感官真的被全部凍結一樣。我很快意識到追查這件事只是白費力氣。她的潛意識還沒準備好要釋放這個資訊。我於是帶引她到下一個可以感受的場景，不論是聽覺、嗅覺或感覺。令人驚訝的是，她突然開始咯咯笑了起來。

貝：我們從森林中跑出來，邊跑邊笑。我們出來了。（笑聲）
朵：什麼意思？
貝：哦，我們剛剛出來了。（大嘆，然後笑聲）我們出來了！（停頓）我的頭髮捲捲的。
朵：什麼意思？
貝：喔，我們有捲捲的頭髮。我們咯咯笑著跑出森林的時候，頭髮都在彈跳。（大嘆）我們做到了！
我們進去森林又出來了。
朵：你們在森林的時候有沒有發生什麼事？
貝：我不知道。（困惑）大概有吧。
朵：什麼意思？
貝：嗯，你知道，就是當你去到某個沒有去過的地方，你會懷疑自己能不能出來。我們出來了。
朵：你們在森林裡做了什麼？
貝：我想只是玩吧。我不記得了。我想我們只是進去到處亂走。（嘆氣）我必須過馬路了。森林裡
很暗，可是我們進去的時候，學校裡還有陽光。現在真的越來越暗，所以我們最好回家了。
朵：我想你們最好在惹上麻煩前回家。
貝：我想我們已經惹上麻煩了。
朵：你們決定不離家出走了嗎？
貝：是啊，我想是吧。我想我們必須回家。我不知道我們是不是……噢！我想她們追來了。我們的

媽媽。她們追來了。差不多快到校園了。

朵：哦，你們沒有離開那麼久，有嗎？

貝：我不知道。現在大概……也許已經六點了。到了晚餐時間之類的。天越來越黑了。

朵：值得嗎？

貝：我想是吧。她們其實也沒那麼大驚小怪。或許是因為派翠西亞的媽媽也在的關係。如果是我媽自己一個人就一定會的。可能吧。派翠西亞住在回我們家那條路上的右手邊。我住在左邊。

朵：哦，你媽媽有說什麼嗎？

貝：有。（一個煩躁、責罵、童稚的聲調配上手勢）「你們去哪裡了？我一直在找你們。」她沒有打我屁股。（咯咯笑）

朵：你們有了一次小小的冒險，不是嗎？（嗯。）好，貝芙莉，我要你離開這個場景，飄離這裡。你這一生中還有別的時候看到那個粉紅色的防護罩嗎？還是那是唯一的一次？

貝：我想我沒有看過粉紅色的防護罩。我不記得有防護罩。有時候我就這樣出神了，什麼都不曉得，就好像一切都停止了。

朵：我現在數到三，我要你回到有過那種感受的時候，就算你沒看到粉紅色的防護罩也沒關係。你會能夠解釋事情的來龍去脈，還有發生的地點。我會數到三，然後我們就會去另一個你有過那種體驗的時空，如果有的話。一、二、三。你在做什麼？你看到了什麼？

貝：我想我從自己的房間窗户出去了。（困惑）剛從窗户出去到了空中。

朵：從窗戶爬出去？

貝：不是。就是……就是被**吸**了出去。

朵：你幾歲？

貝：八或九歲。也許十歲。

朵：窗戶是開著的嗎？

貝：是啊。是開著的。現在是夏天。我坐在床上，然後就被吸出窗外了。

朵：這很不尋常嗎？

貝：（笑聲）在我聽來是有點不尋常。（嘆氣）我想這發生過不僅一次。現在是傍晚。我家旁邊有一塊空地。晚上有時我會坐在地板上，靠著窗台，看著晚上經過的人車。

朵：接著發生了什麼事？

貝：我不知道。我只是從窗戶出去，然後又回來了。

朵：出去的時候感覺如何？

貝：感覺像是……很快速的移動……就是嗖地從窗戶出去了。（困惑）我不知道我是怎麼做到的。就這樣直接穿過紗窗。

朵：穿過紗窗？那會是什麼感覺？

貝：（困惑）我想我沒感覺到什麼。

朵：好，我要你跟著那個感覺。現在你穿越了紗窗。讓我們跟著你從窗戶出去。告訴我發生了什麼事。

貝：我想我在和某個人說話。身高跟我差不多的人。可是我不是真的**看到**他們。

朵：你怎麼知道他們在那裡？

貝：我不知道……真的。我想只有一個，在我的右邊。我們邊走在空中，他邊跟我說話。我看不到他。我只是有個印象，一種感覺。有點圓圓的頭。一切都很好，我們只是在說話。我不記得有特別注意什麼或看著什麼。

朵：你說你感覺像在空中行走？

貝：是啊。直接穿過隔壁的空地。我想我是在飄浮。下半身沒有什麼感覺。

朵：你們在談什麼？

貝：我想只是彼此問候。很友善的問候。就像我們又碰面了。像是我認識的人。

朵：感覺很熟悉？

貝：是啊。感覺像是同一個人，不是第一次見。

朵：你往哪裡飄浮？

貝：（嘆氣）我不知道。我只能看到這麼多。就好像我**知道**我們要去某個地方，但其他什麼都不曉得。

朵：你看得到建築物嗎？

貝：這裡沒有建築物。這是塊空地。下個路口有兩到三棟房子。我可以看到遠方的燈光。不過大多只是……空地。

朵：你覺得你離地很遠嗎？

貝：是啊，我從窗户出來，然後往上飄得更高一些些了。大概四到五呎高。比窗户還高。

朵：而且你是和另一個人一起飄浮。

貝：是啊。我是説，那不是**真的**人。那不是人。它圓圓的。像人，但它的顏色不像。它是灰棕色的，皮膚皺皺的，像大象的皮膚那麼粗。事實上，它讓我想到大象鼻子的皺摺。他的樣子很怪，但我感受到很多的愛。我對他有熟悉感，他不是陌生人。

這段描述和《地球守護者》裡的一段很像。菲爾在太空船上也看到了類似「護士」的生物。對方也是皺巴巴的，而且讓菲爾有被關心的感覺。

我下指令，貝芙莉能夠想起這件怪事的經過。記憶就在那裡，而現在大概是出現的時候了。接著她突然指著右邊的太陽穴，説她頭痛。「像是頭痛。好像被擠壓到還是什麼的。」我給予催眠指令，消除她的任何不適，然後跟她説記憶會浮現，我們可以把它當成奇特的事來觀看和檢視，有必要的話，也可以用旁觀的方式。

貝：我想大概有個什麼在那裡，但我不相信真的有。可能是我虛構出來的。

朵：你看到什麼讓你覺得是自己虛構出來的？

貝：喔，大概是編出來的遊戲吧。就是和這個小生物一起在空中，然後進到太空船裡。

朵：好，告訴我你看到什麼。我們不要擔心這是不是遊戲。如果是遊戲，我們就來玩這個遊戲。我們可以玩得很開心。你看到什麼？

貝：嗯，我們知道我們是要去那裡的（指太空船）。他是被派來找我的。

朵：是他告訴你的嗎？

貝：哦，我就是知道。我不知道我是怎麼知道的。我只知道我穿過窗戶，他就在那裡了。然後我們要回去……像是再去一次。右邊有艘類似太空船的東西。它在發光，在空地的最後面。那是塊很大的空地。但我就只看到這樣。

朵：那個東西看起來是什麼樣子？

貝：它是圓的，平的，亮亮的。

朵：像球那樣圓？

貝：不是，它像圓盤。它很薄。上面是圓的，底部有點平，不過不是很厚。還有，它是發亮的，像在發光。很像日光燈。全部是銀白色的。

朵：我納悶如果有人朝這裡看的話，會不會看到。

貝：我不知道。附近沒有人。

朵：你出去的時候，如果你媽進你房間會怎樣？她會在房裡看到你嗎？

我想確定貝芙莉的身體是真的穿越窗戶，還是只有她的靈體。

貝：不會。我不在房裡。不過我想她從來沒有那樣過。就算她這麼做了，也只會認為我是在屋裡別的地方。她不會真的要找我或什麼的。我總是會把房門關上。而且我想我沒有不見很久。

她對這個事件的認知顯然是身體實際有過的經歷。

朵：你想那個圓盤有多大？

貝：跟房子一樣大。嗯，或許沒有大到像房子那樣，但比車子大很多。如果你把三輛車放在一個圓圈裡，大小就差不多。

朵：告訴我現在的情況？

貝：我想它剛停止了。我看不到⋯⋯它有繼續下去。我看不到接下來的情況。我只看到剛剛看到的那些。就是過了空地的一半，看到太空船在另一邊，然後一切就停了。我看不到別的。

朵：你並不知道自己有沒有更靠近太空船？

貝：我不知道。我想大概有。我們就是要往那裡去的。

朵：然後你還記得什麼？

貝：我每次都從床上跌到地上。每次回去時都是這樣。我在床上，然後就跌到地上。每一次。

朵：你是怎麼回到床上的？

貝：我想他們就把我放在那裡。然後我跌到地上，接著我就醒了。

朵：你有這些經驗多久了？

貝：我知道至少有一到兩年。已經很久了。從我有自己的房間開始。在我有自己的房間以前我不記得有發生過。不過我現在也不記得在還沒有自己的房間前我睡在哪裡。我想大概有個夏天發生得特別頻繁吧。

朵：每次情況都一樣？從窗戶飄出去，出去到那麼遠的地方，然後回來？

貝：嗯。可是回來時不是跟出去同樣的方式。我好像就是**落到**床上。然後再跌到地上。因為每次我都會想：「我在地上幹嘛啊？」

朵：你媽媽有沒有聽到你跌下來的聲音？

貝：有，她聽到了！她聽到砰的一聲。她進房裡，問我在幹嘛。我告訴她我剛從床上跌下來。我想她看到我好好的沒事…但我知道她在另一個房間聽到聲音了。

接著我請她離開正在看的場景，飄回到更早以前。

朵：我要你飄回到你很小、常作怪夢的時候。你想談談這些嗎？

貝：嗯……牠們真的很可怕，因為那些東西會在晚上進我房間。我睡在靠裡面的牆的單人床，房間很暗，牠們會等大家都睡覺後才進來，然後到處爬來爬去，還盯著我看。牠們有很大的眼睛，像巨大的昆蟲。我認為牠們是大蟲蟲。房間另一邊有扇窗。那裡有時會有光投射進來，我看到有幾隻在地板上，床尾也有。牠們會到我的臉和胸口的上方。然候我會張開嘴想尖叫，可是卻發不出聲音。只有真的要醒來時才叫得出聲。

朵：牠們有多大？

貝：比我還大。大到幾乎跟我的床一樣。牠們在我的身體上面，跟我頭對著頭。

我下指令，她可以非常清楚地看到那一幕，但不會覺得困擾。如果她想，也可以用旁觀者的方式。

朵：現在你看著牠們，牠們在哪裡？

貝：好，有一隻顏色很淺，或者牠是被光照到。有兩隻在地板上（手勢）。

朵：在你的右邊？

貝：我的床靠牆，不在房間中間，所以我的右邊就是房裡其它的空間。地板上有一隻還是兩隻。有月光還是什麼的光照了進來。我們的窗簾是百葉窗，關得不是很緊。然後還有一或兩隻在我的床尾。牠們如果不是朝我爬上來，就是身體長到可以把臉伸到我的臉的正上方，看著我的眼睛、鼻子和耳朵……。牠們可以伸展牠們的腳還是什麼的，撐著身體在我的上方卻不會碰到我。牠們的腿長到可以在我上面支撐著身體。可是牠們偶爾會碰我的臉。

朵：告訴我牠們的樣子。

貝：牠們有很大的頭，還有很大的黑色眼睛。牠們的身體很細長，手臂看起來跟腿的東西一樣長。牠們就像昆蟲。像蚱蜢或是那種身體前後都有長長的腿的東西。牠們很光滑，流線型的那種光滑，就像是一條長管子，只是有那些腿或手臂什麼的冒出來……像昆蟲的腳。我想地板上的那幾隻不太一樣。牠們的顏色比較淺。我想牠們比較矮，身體也比較胖。

朵：牠們的臉看起來也像昆蟲嗎？

貝：我只記得眼睛。還有那個大大圓圓像螞蟻的頭。圓圓的，然後尖下來，還有很大的眼睛。床上的幾隻顏色比較深，地板上的比較淺。我知道牠們的顏色不一樣。

朵：你有看到手嗎？

貝：沒有，如果牠們有手，手也是在床上，但我是往上看著牠們的臉，沒有往下看。

朵：可是你說牠們偶爾會碰你的臉。

貝：對！牠們有手指。牠們打開我的眼睛，在我的臉上戳來戳去。我只看到手指，很瘦、很瘦的手指。像這樣弄我的臉(做手勢，像是在碰觸或摸她的臉頰。這個回憶讓她很沮喪，開始掉淚)。

朵：換成是我，我也不會喜歡。牠們還有做別的事嗎？

貝：(哭泣)我只記得這些。(哭泣，激動)然後我就會尖叫、尖叫，再尖叫。

我用面對一個驚恐的孩子的語氣說話，幫助她鎮定下來。

朵：你有沒有注意過牠們是怎麼進到房裡來？

貝：（驚訝）牠們一定是從窗户進來的。我的門似乎向來都是關著的，因為我一叫，我媽就會跑進來，可是她每次都要先開門。我想牠們沒有從門出去。

朵：在你尖叫後發生什麼事？

貝：我想牠們離開了。我不知道我是不是想嚇走牠們。我是因為很害怕，所以就叫了。我想如果我叫得出來早叫了，但之前我沒辦法叫。等我叫得出聲時，牠們就會離開。我想我媽是被我吵醒就進到房裡來。不過她一直沒看到牠們。

朵：你有跟她提到牠們嗎？

貝：我想我告訴過她有大蟲子來抓我。她只說我作惡夢了，繼續睡就好。

朵：是啊，聽起來真的很像惡夢。

貝：有時候我知道牠們要來，就會去抱我的狗。這樣牠們就不會來了。

朵：你怎麼知道牠們要來？

貝：我上床睡覺時就知道牠們會出現。我就是知道。

朵：也許狗讓牠們不靠近你？

貝：或許是，也或許是我抱著狗睡覺的時候都沒有醒來。也可能是不像作惡夢時那樣醒來。

朵：從窗外照進來的光是很亮的光嗎？還是怎樣呢？

貝：似乎是很亮的光。我以為是月光，可是你知道那可能是那個東西在天空上發亮，光從百葉窗透了進來。

我認為這次催眠探索到的事已經足夠了。

奇怪的是，隔天，同樣的封鎖狀況也出現在另一位幽浮個案身上。她體驗到一股似乎會凍結或靜止事物的能量漩渦，一樣也是在過了某個時候想不起任何事。在如此接近的時間裡，同樣的記憶封鎖接連出現在兩個不同的人身上，真的很有意思。

我的調查到了比較後期（一九九〇年代），時不時會有這種狀況出現。有時我看得出來，那是因為個案尚未準備好要探究這類的事，所以潛意識把資訊封鎖住。其他時候我納悶是不是外星人下了催眠後暗示，防止個案恢復更多的記憶。

在後續對貝芙莉的催眠療程，我們得以消除阻礙並且發現了隱藏在屏障後的事物。我和貝芙莉隔了幾週後見面，進行了另一次催眠。我們仍試著找出能夠解釋她這一世健康和金錢方面的事。這一次，之前的障礙不見了。她的潛意識一開始就讓她看到兩段不同的前世。其中一世在沙漠，另一世顯然是在美國南北戰爭時期。我讓她自己選擇要探索哪一個，她毫不費力地就進入這世紀初劃下句點的那世。內容很平淡，在我看來不是很有趣，但這很正常，也確實提供了貝芙莉一些重要資訊。

接著，她進入先前有過驚鴻一瞥的另一世，那個在沙漠的人生。她當時是個中年男子，屬於沙漠遊牧民族的一員，正趕著一群山羊旅行。山羊對他們的生存非常重要，不僅是他們的食物來源，到了城鎮還可以出售或交換日常必需品。我引導貝芙莉走過那一世的重要事件，跟著她在市集銷售並交易要帶走的貨物。她喜歡到處遊蕩，不受法律的規範也不被城市生活的限制所束縛。當問到部落名時，她給了這個名字——Teleg，但她不確定那是部落名或城鎮名，還是她自己的名字。她認為他們是在埃及。這一世出現了很多資料，不過仍是平淡無奇的一生。

當我要她前往那一世的另一個重要日子時，令人驚訝的事發生了。一般來說，我通常都是帶個案經歷完整的一生，觸及重要的日子，最後以死亡為終點。偶爾，個案會跳到另一段不相關的前世，這也很常見，它顯示了剛接受催眠時，潛意識對維持在一段前世的不穩定性。個案如果呈現這樣的情況，我通常是順其自然，因為潛意識提出的事情可能更重要。一般在經過幾次催眠之後，個案往往就能維持在同一段前世，探索許多細節。

貝芙莉的潛意識顯然認為沒有必要繼續挖掘沙漠人生，它決定跳到它認為更有意義的事。我原可以讓她回到沙漠那一世去尋找更多資料，但我決定這次照潛意識的意思。由於它上一次給過我們阻礙，我想這次它可能準備好要開門了。

我請貝芙莉離開市集的那幕，往前到她生命中另一個重要日子。「你在做什麼？你看到了什麼？」

貝：我在我爸的加油站外面的車道。

朵：（她顯然離開了沙漠那一世）哦？那是在哪裡？

貝：就在我家同一條街上。

朵：是在哪一個城鎮？

貝：在施里夫波特（Shreveport）。

朵：你在那裡做什麼？

貝：和那裡的工作人員玩。他們在教我杜魯門和ABC，還有數數。

朵：噢。你幾歲？

貝：五或六歲。

朵：你的名字是貝芙莉嗎？

貝：嗯。他們也教我怎麼拼我的名字。

朵：你上學了沒？

貝：還沒，可是等我去上學時，我會比學校其他的孩子懂得還多，因為艾迪在教我。艾迪是黑人。我不知道為什麼他們叫他黑人，他們明明是咖啡色的。

朵：是啊，沒錯。嗯，如果有人在教你，那麼你很幸運。你會比其他小孩懂得更多，不是嗎？

貝：嗯。而且我很快樂。我喜歡艾迪。可是他只有一隻手。

朵：是嗎？發生什麼事了？

貝：(平淡的語氣)另一隻手被砍斷了。

孩童典型的直言有時很出人意外。

朵：喔？你說你爸有個加油站？

貝：嗯。艾迪替他工作。艾迪和我爸差不多聰明。

朵：喔，我想有他教你真好。

現在屏障似乎降下了，我決定再去探索森林那一幕。她顯然在一個更深的催眠狀態裡。表情、手勢，甚至身體動作無一不展現出小女孩的性格。我重新架構我說話和問問題的方式，就好像是在跟一個小孩說話。

朵：讓我們往前到你一年級，去學校上課的時候。往前回到你和你的朋友進到學校旁邊森林的那一天。你們為什麼要去森林？你們不想回家嗎？

貝：不想！我們想待在外頭，多玩一下。

朵：你喜歡學校嗎？

貝：還可以。我遇到很多不認識的人。上學很簡單。我們就是一直在書上畫顏色。

朵：你沒有學字母和別的嗎？

貝：有呀，可是我已經認得字母了。我是學校裡最小的一個，不過目前為止我跟他們知道得一樣多。

朵：好，現在誰和你在一起？

貝：老師，她就要結婚了，我想不起她的名字。可是我可以看到她的臉。她有褐色的頭髮。她快結婚了，她的姓會不一樣。然後還有克林頓。還有另一位老師。然後是我的朋友派翠西亞。還有一個叫巴比的男生。

朵：這些人在你的教室裡？

貝：在學校的操場。

朵：哦，那麼你有沒有進去森林？

貝：有啊，放學的時候，每個人都走了以後，我和派翠西亞去了。

朵：跟我說說森林裡是什麼樣子？

貝：（輕聲，帶著孩子氣的炫耀）很嚇人喔。

朵：（輕笑）但是是好玩的嚇人的那種嗎？

貝：對呀。樹木很高喔。我們在做不該做的事，所以一直咯咯笑。

朵：你們以前也進去過森林裡面嗎？

貝：沒有進去那些森林裡。我去過其他的小森林。這座森林很大，可以走很遠。

朵：你不怕迷路嗎？

貝：我會從我們進去的路回去。

朵：你們邊走邊看到了什麼？

貝：嗯……我們看到很多樹。

語畢，她停頓了很久，眼球的動作顯示她經驗到某個情況。

朵：派翠西亞和你差不多年紀嗎？

「是啊。」她的聲音回答時變得小聲許多。我知道有事正在發生，但我必須很小心，不去引導或是給她暗示。

貝：（謹慎的語氣）我想森林裡有東西。可能是老鼠。可能不是。可能是大蟲蟲。

朵：你看到什麼？

貝：我什麼都看不到，但我知道裡面有東西。我可以聽到。

朵：聽起來像什麼？

貝：（停頓）就只是在動的聲音。裡面有東西在動來動去。

朵：你要去看看是怎麼回事嗎？

貝：我不知道。我想我們最好不要再進到更裡面了。我想我們最好就待在這裡。——我看到光。

朵：從哪裡來的？

貝：從森林裡面，朝著我過來。

朵：光多大？

貝：不是很大，但是是藍色的，藍白色，向前投射出來。

朵：跟手電筒的光差不多大嗎？

貝：不，比手電筒的光要大。

朵：像車頭燈？

貝：有點。大概就是那麼大，對。

朵：可是車頭燈不是那種顏色，不是嗎？（不是。）光過來的速度很快還是很慢？

貝：很慢。但我不曉得該怎麼辦。（嘆氣）我必須勇敢。

朵：你想做什麼？

貝：嗯……我想我什麼都不能做。我不認為我可以跑。我想我已經被抓住了。

朵：為什麼你認為自己沒辦法跑？

貝：我就是這麼覺得。我想已經太遲了。我像是在一個捕動物的陷阱裡還是什麼的。我想我現在沒辦法退出來了。我感覺好像沒辦法轉身還是怎樣。

朵：光還在嗎？

貝：嗯。我想我們在跟著它走。對，它把我們拉向它。

朵：它現在有多大？

貝：跟我一樣大。

朵：你原先說它和車頭燈差不多大？

貝：那是在它出來的地方，後來成了一道很大的光。當它變成和我一樣大的時候，我就哪裡都去不了。我的周圍都是光。

朵：派翠西亞呢？

貝：我不知道。我猜也被光包圍住了。

朵：你說你感覺想要跟著光走？

貝：我想我是不得不。我不認為我現在跑得了。就算我跑了，它也會抓住我。我走在葉子上，往前走，不過好像是光要我這麼做的。它很亮，亮到讓我看不到東西。不過沒關係。它沒有傷害我。

朵：告訴我發生了什麼事。

貝：哦，我們進去裡面，進到這個很小的建築裡，裡面都是光。我看得不是很清楚。它大概跟車子差不多大。我猜比車還大。

朵：形狀呢？

貝：圓的，像是半顆球。

朵：你怎麼進去的？

貝：透過其中一個像是窗戶的東西。他們有好多窄縫還是窗戶的東西……可以進去的地方。

朵：它是在地上嗎？

貝：不是，它不在地上。它在地面上。算是。它很低，不過是在地面上。我有點像是往上飄到那個像是窗戶的東西，然後進到裡面。接著他們就讓我睡覺。

朵：在他們讓你睡覺以前，你看到了什麼？

貝：小小人。他們看起來不太像人，像小生物，比我大不了多少。他們很和善。也許是我幻想出來的朋友。

朵：有可能。你看得到他們的臉嗎？

貝：小蟲似的臉，只不過顏色很淺。我的意思是，他們不像蟲子那麼黑，皮膚有點粉粉灰灰的，像小小孩的皮膚，可是有張像昆蟲的臉。你知道昆蟲的臉都很醜？

朵：他們有頭髮嗎？

貝：沒有。他們沒有一個有頭髮。他們只是讓我睡覺。

朵：你能看到他們的眼睛是什麼樣子嗎？

貝：大大圓圓的，像黑色鈕扣之類的。很大很大的眼睛。

朵：鼻子和嘴巴呢？

貝：他們沒有，不算有鼻子和嘴巴。也許吧。他們就是有張……蟲的臉。你知道，他們沒有我們這種五官。

朵：你有沒有注意到他們身體的其他部位？

貝：像幽靈的身體。你知道嗎，我認為他們沒有腿。我想他們只是飄來飄去。也許他們有腿，可是跟我的腿不一樣。他們的身體和手臂，還有腿，都好瘦。我不知道它們怎麼撐得住身體。所以我才說他們有點像在飄。而且，這裡面全是粉紅色。顏色、光，全都是粉紅色。我猜是給小女生的粉紅色。我不知道。

朵：很合理，不是嗎？你能看到他們有幾根手指嗎？

貝：噢，他們有……不是三就是四根手指。

她伸直五根手指頭，用另一隻手扳下了小姆指。非常稚氣的手勢。

貝：他們沒有小姆指。他們有大拇指和……兩根……不，上面這裡一定還有第三根。我的學校有個男孩有六根手指。這些人只有四根。他的名字叫雷斯特。他有六根手指和六根腳趾。

朵：這些人只有三根手指和一根大拇趾。所以也是會有這樣的事。(嗯。)這些小小人有沒有穿衣服？

貝：沒啊。就像動物不穿衣服一樣，這些人也沒有穿。你知道哦，我什麼都沒看到。

她的語氣帶著點神祕。她指的是生殖器官嗎？

朵：你在房間裡還看到什麼？你說那裡有粉紅色的光？

貝：是啊。到處都好多光。還有很多桌子。不是很多桌子。是一些桌子。像醫生的桌子。像檢查桌。然後還有一個房間。一個小房間。那個房間的桌上有放大鏡之類的東西。

朵：什麼意思？放大鏡？

貝：它們像是往上豎起然後又下來的東西。（做手勢）像是把燈折下來。不是往下折，它有個可以彎曲的部分。先往上，然後下來。他們想照哪裡都可以。

朵：喔，對，你的意思是它可以轉動。像醫生那種大燈？（對。）它會放大嗎？

貝：我想會。它是在另一個房間。在那裡。（她擺動手臂，快速地指向她的左邊）就在另一張小桌子那裡。燈就在牆壁裡那個像長棍子的東西上。

朵：你說那裡有很多燈？在哪裡？

貝：牆壁上。很亮。你知道，就像室內的燈都藏起來了，可是還是整個亮亮的。嗯，很亮，整間房間都好亮，可是我現在看不到燈在哪裡。

貝：你的意思是，它們像是藏在某個東西後面？

朵：對，或者就是來自牆壁，除了另一個小房間裡那個大大彎彎的燈以外。他們在那裡檢查你。那裡也有桌子。我不知道他們用那些桌子做什麼，因為他們從沒把我放在那張桌子上。也許那是給大人用的。

貝：桌子看起來比較大嗎？

朵：是啊。桌子在房間中央的一個圓圈裡。

我請她說明。

貝：那些是長桌子。然後還有一張、兩張、三張……。也許它們不是用來檢查的桌子。可能是裝某種東西的箱子。很堅固，你可以裝東西進去。像是抽屜什麼的。

朵：那些桌子看起來是用什麼做的？

貝：不鏽鋼。很亮。

朵：如果它們在一個圓圈裡，圓圈的中間有東西嗎？

貝：沒有，中間沒有任何東西。可是你可以走進去，走在它們中間，在桌子與桌子之間。

朵：好，除了桌子以外，你還看到什麼其他的東西嗎？

貝：我看到開合橋。

朵：那是什麼？

貝：它是在外面，可以把門關起來的東西。

朵：你是從那裡進來的嗎？

貝：我想是吧。我進來時它已經是開著的。但我知道它在外面，現在他們把它關起來了。

朵：你在那個房間裡還有沒有看到別的東西？

貝：牆壁上有轉盤、按鈕，還有其他可以駕駛這艘太空船的東西。它們排成一圈。整個看起來……像飛機。這對我來說太複雜了。有些東西看起來……我的意思是，它看起來不像是真的電視。它不是個盒子。它像是面板，或是你可以在上面看東西的螢幕。他們現在沒有打開螢幕，但我想像當他們飛行的時候會打開。——你知道我猜中間那些東西是什麼嗎？我敢說它們是那些小小人的床。我敢說它們就是。他們八成睡在上面，把所有的東西都放在底下。

朵：這有道理，不是嗎？好，在那裡你還看到了什麼？

貝：沒了。我準備要走了，真的。

朵：什麼意思？

貝：我準備要離開了。準備出去，然後回家。

朵：你剛剛說他們讓你睡覺？

貝：他們帶我去那個房間。我好想睡，眼皮都張不開了。到了那裡，我……我不記得了。我就睡著了。

朵：他們做了什麼讓你想睡覺？

貝：我想他們用那些光照我。它會讓我睡覺。

朵：你是自己到桌子上的嗎？

貝：不是，因為我太想睡了，一定是他們把我放上去的。我就像……飄上去的。但他們好像也有抬我。然後我就失去知覺了。我想是光造成的。那些光真的很怪。它們會做各種事。當你進到光裡就不能去別的地方。當它拉你進去時，你就不得不跟著它走，因為你什麼都做不了。進去後，我知道裡面全是粉紅色的，但仍然有點白，還有種黃黃的粉紅色。那是因為它太亮了，就跟太陽光是黃粉紅的一樣。你知道，不是鮮麗的那種黃粉紅。可是它能讓你睡覺，也能讓你醒來。它一定什麼都能做。

朵：但即使你睡著了，你還是能夠記得，而且你能告訴我你在桌上時發生了什麼事。

貝：(輕聲)他們靠向我。他們把那個燈拉低，對著我的全身照。

朵：他們在看什麼？

貝：(稚氣的口吻)只是看看我是什麼做的。然後就跟在臥室裡他們爬向我的時候一樣。

朵：都是同樣的東西嗎？

貝：我不認為是一樣的。他們的顏色比較淺。(激動)我想他們只是在看，可是我不能動。我不能說話。

朵：沒關係。你可以跟我說話。

貝：不是說真的會痛，可是就是不能動。好可怕。(她快哭了)他們碰我，不過我不是因為這樣不能動。我就是動不了。像是被凍結了。

朵：你認為這跟那個燈有關嗎？

貝：跟那個燈或那張桌子有關。

朵：桌子的感覺是怎樣？

貝：我感覺不到，因為我不是真的躺在上面。我是在桌子的上方。桌子看起來像是冷冷的。我好像就是躺在半空中。

朵：他們在看你的時候做了什麼？

貝：他們發出一些小聲音（她發出像是小小的吱喳聲，又像是高音調的振動聲），好像討論得很熱烈。

大部分的個案都說那些生物是用心靈或精神感應溝通，沒有發出任何聲音。但本書和《星辰傳承》的少數個案報告了一種高聲調，有時有旋律的口語溝通。

朵：你聽得懂嗎？

貝：聽不懂。（她發出更多吱喳聲）就像小螞蟻。忙碌的小螞蟻。

朵：那樣說話很好笑，不是嗎？他們還做了什麼？

貝：沒了。他們結束了就把燈放回牆上。它可以放在牆裡。

聲音聽來不沮喪了。好像他們一結束，她就鎮定下來了。

貝：他們全圍著我。你知道，感覺像要窒息了。

朵：他們為什麼那麼靠近？

貝：他們在看。我想他們把我身體裡面都看透了。

朵：全部看透？你認為他們可以這麼做？

貝：用那些光就可以。對啊。全看透了。所以我不在桌子上，這樣他們也能從下面看。他們用那個光就可以。然後他們開始往後退開。我像是在粉紅色的睡眠裡。我離開桌子的區域，下來了。

（手勢）

朵：就浮起來了？

貝：是啊，然後是直立的。接著有點像是被這個光帶到另一個房間。然後我就離開了。

朵：你直接走出門嗎？

貝：對呀。走下斜坡。我又回到森林裡了。

朵：我很好奇他們為什麼要做這些？

貝：我想我沒辦法想太多。他們一直發出那些無意義的聲音。他們唯一一次說話就是檢查我的身體的時候，所以我想跟這個有關。可是他們讓我痲木，沒辦法想太多或是太好奇。尤其我又是個小孩，他們比我還大。不過如果是個大人，跟大人比他們也不會比較大。

朵：他們看起來不是很強壯，不過你認為他們有把你抬起來。

貝：是光抬的。

朵：好，這是你第一次去那個地方嗎？

貝：不是，但那是我第一次從森林去。其它時候他們是直接把我從床上帶走。

朵：所以你對那個地方很熟悉？(是啊。)嗯，你知不知道派翠西亞還有沒有跟你在一起？

貝：我從森林裡跑出來才想起派翠西亞。不過那個房間不是很大，我不知道她還會在哪裡。我沒看到她。不過那些光會做各種各樣的事。所以光……(困惑)她可能也在那裡，只是我沒看到她。

朵：但你走出去的時候已經醒了嗎？

貝：我記得走下斜坡，人在森林裡。然後有好幾分鐘我什麼都不記得。接著派翠西亞和我就咯咯笑著跑出森林。

朵：那個看起來像是半個圓圈的大光怎麼了？

貝：我不知道。我們丟下它在森林裡不管了。

朵：你說他們會到你的房間找你？

貝；嗯。那很嚇人。我一點也不喜歡。有時候他們會在我的房間裡做，嚇得我要死。有時候會把我從房裡帶出去。

朵：怎麼帶出去的？

貝：從窗户出去。

朵：抱著你從窗户出去？

貝：(氣惱)他們不必抱我。光會。就像在坐電梯，只不過是光。

朵：窗户是開著的嗎？

貝：開或關著不重要。如果是關著的，我們就直接穿越。

朵：那很神奇，不是嗎？

貝：是啊。他們很神奇。

朵：嗯，你想你離開的時候，如果有人進到房間，會看到你在床上嗎？

貝：他們不會讓任何人進來。他們從來沒被逮到。我想他們讓時間靜止了。我想他們是這麼做的。

朵：他們看起來都長得一樣嗎？

貝：不是。有一些看起來有點不一樣。他們看起來像是毛毛蟲的身體加上手臂和腳。

朵：你的意思是瘦又長？

貝：凹凸不平的身體。你知道毛毛蟲的背上有突起嗎？

朵：知道。像是鼓起來？

朵：對。那些只是信差。我知道他們是。

朵：凹凸不平的那些？是什麼讓你認為他們是信差？

貝：我看到他們的唯一時候，是他們用光把我從床上帶去那個房間，然後他們就走了。那是我唯一看到他們的時候。他們跟我說話。他們不用嘴巴講話。他們像是護士。你知道就像你走在醫院走廊時，護士會照顧你一樣？那就是他們做的事。我想他們也只做這些。

朵：他們對你說什麼？

貝：「你今天好嗎？」他們不是用說的，他們用想的就好，然後你會知道他們在想什麼。就好像他們對你很好，是因為他們知道必須帶你去那裡。

其他案例也報告過這類型生物，《地球守護者》裡就有提到。有趣的是，因為這類外星人顯示出對個案的關心，個案都稱他們是護士，其他類型的外星人則是冷淡，心不在焉，態度往往不關心或不感興趣。個案說，護士類型的外星人帶有一種女性的感覺，雖然沒有任何東西顯示出性別。

朵：這些人的臉長什麼樣子？

貝：他們跟其他人一樣，只是比較黑，比較**粗糙**。他們不是那麼平滑。不是那麼細緻。

朵：他們的臉也凹凸不平嗎？（沒有。）他們的眼睛是什麼樣子？

貝：他們也有很大的黑眼睛。

朵：只有皮膚不一樣？

貝：嗯，我想他們也比較胖。

朵：他們有任何毛髮嗎？

貝：沒有，沒有任何**毛髮**，但有點像是鬍子剛長出來那樣，全身都是小小、短短、硬硬的毛。不是很密集，只是這裡一點那裡一點的在他們咖啡色的小身體上。

朵：在粗粗的、凹凸不平的身體上。

貝：真的是很粗的皮膚。但也不像母牛的皮膚。也許比較像豬皮。我認為他們是某種工人。

朵：這些人都沒有穿衣服，對嗎？

貝：沒有，沒有，他們不用穿。

朵：哦，他們怎麼送你回到房間？

貝：我不知道。我總是醒來就在房裡了。我猜他們用同樣的方式送我回去，不過你看，那時候我已經睡著了。

朵：好，每次你去那裡，這些人都在桌上用燈對你做同樣的事嗎？

貝：我猜不是**每次**都一樣。有時他們會亂搞我的**頭髮**。他們會拿走一些，然後也會抽些血。

朵：他們是怎麼做的？

貝：就這樣取出去。你知道你是怎麼從吸管吸出東西的？嗯，這個很小。他們不用吸的或是用針之類的東西，他們就是讓血往上流一點點，然後就拿到血了。直接從皮膚出來。我沒看到任何工具。我想他們沒有工具。

朵：血從皮膚出來後到了哪裡？

貝：進到一個小……東西。一個小罐子。(手勢)他們也取了些我的小便。他們拿著罐子到下面，然後……就拿了。

朵：他們知道怎麼做這些事，是嗎？(**是啊**。)我納悶他們為什麼要一直做這些？

貝：我猜他們是想發現更多**東西**。他們不會留我很久。我猜他們不想讓我爸媽或別人知道，因為好像都沒有人知道他們。你不談他們。我不談他們。那就像是……隱約在那裡。

朵：你的意思是那跟你是分割的，是嗎？

貝：對，所以他們不會留我很久。如果留我太久，他們大概會被人發現。或許他們一次不能做完所有的事吧。我是這樣想的。也許因為他們沒有留我很久，只好不斷帶我回去做其他的事。

朵：這麼説合理。但重要的是，他們沒有傷害你，不是嗎？

貝：他們沒有傷害我，可是我不喜歡他們讓我在那個像桌子的東西上面的時候，然後全往我身上靠過來。

朵：是啊，而且你不能動。那會有點嚇人。我猜他們做那些是有原因的。

貝：那不關我的事。我認為很差勁，因為他們都這樣偷偷來。那就像是另一個世界。而在這個世界大家都不談。我不知道為什麼，但事情就是這樣。

朵：好，如果我再來看你，你會多跟我説一些嗎？

貝：我想會吧。

朵：因為我很感興趣，也想跟你説話。我不會跟別人説，也絕對不會讓你惹上麻煩。

貝：你知道的，我不認為你會害我惹上麻煩。我想他們不會再來了。

她的聲音現在比較成熟，顯然已把那個小孩留在過去。

貝芙莉醒來後只記得這次催眠裡的沙漠和粉紅色的光，其他的都沒有印象。

我還沒來得及從她家離開，一場暴風雨便匆匆來襲，於是我留下來和她共進晚餐。她想先聽一些錄音帶的內容，而她聽的時候就好像是第一次聽到。她目瞪口呆，對自己説過的話完全沒有印象，不停地説自己一定是在虛構。

幾天後，我們再次碰面做催眠。因為上次催眠時得到的突破，這次我想專注在她的幽浮經驗上。我想發現那次她在休士頓聽到後院的太空船，卻沒有起床察看，反而繼續睡覺的事。她曾因為先生沒有醒來而氣惱。

在她進入出神狀態後，我請她回到一九七三到七五年住在德州休士頓的某個時候。我請她回到後院傳出不尋常聲響的那個晚上。我開始倒數，接著她便自動回到那晚。那是一九七四年，當時她正準備上床睡覺。

貝：我們的臥房很大，有條拱形走廊可通到浴室。

朵：現在你要上床了。你直接就去睡了嗎？(對。)你整晚都熟睡？

貝：不是，有人進到房裡。

朵：你認識的人？

貝：不是。是個人影，很像幽靈，大大的，很高。我想是個男性人影。像柳樹一樣。

朵：你說柳樹是什麼意思？

貝：像是會在風裡搖擺。它幾乎是透明的。

朵：沒有多少實體的樣子？

貝：對。高大。看來白白的，很像鬼，但不是鬼。灰白色的。在房裡靠近門的地方徘徊。

朵：接下來發生了什麼事？

貝：我只是躺在那裡看著它。它進來房裡，在門口和衣櫥的門之間。我知道它越來越靠近床。我很害怕。

朵：對，我想你一定會怕。你沒預期到會有這種事。後來怎麼了？

貝：我不知道。就……（嘆息）我知道後院有東西。

朵：你怎麼知道？

貝：它有光。它發出光。有東西在後院降落。（無奈的語氣）我猜是一艘太空船，它發出光。

朵：是什麼讓你覺得那是艘太空船？

貝：我就是知道。

朵：不可能是車子還是別的嗎？

貝：不可能在後院。車子不可能開得進去。院子周圍有很高的木籬笆。

朵：不會是哪個人拿著燈在外面還是什麼的嗎？

貝：我認為不是。它是接近地面。我透過……三個大窗户上的竹簾，我透過竹簾看到光。

朵：那個光看起來很大嗎？

貝：不會，其實很小。我的後院沒有樹。我們大概是唯一後院沒有樹的。我們想在那裡做個游泳池。

朵：你有聽到什麼聲音嗎？

貝：我不知道我是不是聽到**外面**的聲音。就像我知道有聲音，可是不是用耳朵聽到的。我大概就是這樣被吵醒的。然後我感覺到房裡的這個**東西**。它在我睡覺的位置的對面。

朵：在你先生那一邊？

貝：嗯，不過他沒醒。

朵：是哪種聲音吵醒你？

貝：像是一種高功率的電鑽或是鋸子之類的東西，但沒有那麼沉。那個聲音比較輕，是快速旋轉的聲音。

這聽來絕對很熟悉。

朵：你認為是它把你吵醒的？

貝：我想是。我的意思是，它並不大聲。那就像是你感覺到有別人，知道有人在那裡。這時候你多少會受到驚嚇。

朵：所以不是聲音本身，而是聲音和有人的感覺。

貝：對。如果那個聲音是別的東西，它的吵鬧程度一般來說不會吵醒我。但那個聲音還伴隨著一種感覺。

朵：你認為這是你先生沒聽到的原因嗎？

貝：大概吧。他說他比我淺眠，但顯然不是。

朵：你是看到這個人影的同時也看到後院的光？

貝：我想我是面對門口，所以先看到人影。不過我可以知道在我後面窗户的地方，有光透過竹子捲簾照進來。

朵：不可能是月亮嗎？

貝：它是有點像月光一樣透進來，但不是從那麼上面照進來。那是像一種集中的光。你知道月光是到處都是？

朵：我知道。我只是覺得你認為那是艘太空船很有意思。

貝：那是一艘太空船。

朵：好，之後還發生了什麼事？

貝：那個人影朝我老公那一邊靠近，不過我老公沒有被吵醒。它是因為我才在那裡。我知道的，因為這已經進行一段時間了。

朵：所以不是新鮮事。然後呢？

貝：我不知道。人影就停在那裡。我是左側躺在床上，面對門口，看著這個人影，同時知道後院有光，然後那個人影就凍結在那裡。這讓我很害怕。你知道，(嘆氣)我心裡感到恐懼。

朵：這是為什麼我認為你面對它，發現到底發生了什麼事非常重要。這樣你就不會再害怕了。一旦發現真相，我們就能走出來，把這件事放下。你能看到是因為你的潛意識把一切都記了下來，即使身體的意識並沒有記憶。所以當時一定有事情發生而封鎖了你的意識。發生了什麼事？那個人影做了什麼？

貝：那個人影繞過床腳，從窗戶出去。我跟著它走。（語氣淡然）我直接從窗戶走出去。

朵：這和你小時候常做的事情很像，不是嗎？

貝：嗯。我想那是為什麼我會這麼害怕。

朵：為什麼這次你會怕？

貝：我想我每次都很怕。怕這整件事。人不應該能穿越窗戶出去。

朵：沒錯。嗯……你認為那像是夢嗎？夢裡可以做這些事。

貝：也許吧。也許我的靈魂出去了，我的身體沒有。我不知道。（嘆氣）也許他們讓我非物質化？（她對這個字不是很確定）然後再重新物質化。可能我的身體確實出去了。

朵：你認為如果你先生醒來，他會不會在床上看到你？

貝：他沒有醒來。（沉思）我的身體非去不可。如果沒去，他們又何必在乎有沒有人醒來或進來？我還是小孩的時候，你知道，他們就在我房間裡進行。他們也在我這裡的房間進行。我的臥室在房子的最後面，很漂亮的房間，但我在房裡老覺得害怕。它離房子的其他地方好遠。

朵：你從窗戶出去後，去了哪裡？

貝：到了後院。進到一艘太空船。它小小圓圓的……嗯，不是真的很小，足夠讓人進去。那一定是他們派來的飛船。你知道，有一些船比較大，這一個是小的。它是銀色的，頂部是圓頂狀，中間——不是中間——大概是在圓頂下面四分之三的部分，有一個圓形的邊邊。然後在它的下面還有一點點凸起。不是很凸，而是淺淺小小的，在底部。它的底部不像頂部那麼圓。整個船只有三或四呎高（譯注：約90–120公分）。

朵：光是從哪裡來的？

貝：從那個凸出的圓邊邊。它像是和什麼東西一起的，然後那個東西會發光。

朵：接下來呢？發生了什麼事？

貝：我們升到半空中，然後飛走了。

朵：裡面是什麼樣子？

貝：小小的，有點擠。我進去後就坐下，然後我們起飛。椅子很像躺椅。我說的不是庭院椅，我的意思是像牙醫的躺椅或是那種你可以往後靠的椅子。

朵：好，那個外星人跟你在一起嗎？

貝：（驚訝）我想他太高了，沒辦法在裡面，除非他……我想在房間裡的是那個生命的本體（essence）。

朵：你認為這會是他纖細微弱的原因嗎？

貝：嗯。我想他是把自己的一部分**投射**到我房裡，但他比較沉重的身軀是留在太空船。這裡有兩到三個外星人跟我在一起。他們很小。

朵：他們也坐著嗎？

貝：不是。他們走來走去。這裡沒有多少空間。太空船比籬笆矮，籬笆有六呎高。我想他們有足夠的空間可以走動。他們不像那個投影那麼高。他們比較矮。我必須坐下來。嗯，我想我可以站起來，可是只能站在中間。（貝芙莉是個嬌小的女人，只有五呎出頭）他們好似不必坐著。他們在做事。你知道，走來走去，按按鈕和看著螢幕。

朵：那些東西在哪裡？

貝：在牆裡面。就像一個小駕駛座艙。

朵：螢幕上有什麼東西嗎？

貝：地圖和圖表。我不是看得很清楚，不過我知道上面就是這些東西。我的意思是，我瞥了一眼。

朵：你是說像某種陸地的地圖……

貝：天空的圖。我猜它就像是飛機上會有的圖，你知道，飛行圖。飛機一定有一再使用的路線圖，所以在螢幕上的是去別處的路線。很像圖表。可能是某種雷達。它像座標紙，有直線和水平線。有些螢幕上沒有這個，只有線條……相互交錯，然後往不同方向延伸。我看不懂。螢幕是白色的。線條全都是同樣的深色。也許那是個電腦系統。螢幕看起來就是這樣，有點像電腦螢幕。所有的東西都內建在牆壁裡。牆壁是圓形的。

朵：好。那些小小人是什麼模樣？

貝：他們是灰色的，很矮，只有三到四呎高，皮膚坑坑巴巴。

朵：坑坑巴巴？什麼意思？

貝：凹凸不平。他們的外表不光滑也不柔軟。嗯，他們可能是柔軟的，但皮膚很粗。像電影裡的ＥＴ，不過沒那麼極端。看起來粗糙，有可能不粗。事實上，當你實際去碰的時候，我認為可能不粗；但看起來有又厚又粗的感覺。

朵：你看得到他們的臉嗎？

貝：可以。他們的臉小小的，沒有頭髮。我想他們沒有任何毛髮，或者就算有，也在比較隱密的地方。他們沒有像我們一樣往外凸出的耳朵，但有類似我們的眼睛。不是大的黑眼睛。他們有眼白，也有鼻子和嘴巴。

朵：像你的一樣？

貝：不，他們的臉很粗，像是很老很老的人，有著好皺好皺的臉，臉上有數不清的皺紋。他們的頭很小，頭頂又比下巴要大，下巴幾乎是縮成了尖尖的。他們的臉看來有點內縮。像北京狗那種扁扁的臉。

朵：我懂你的意思。他們在按按鈕時，你看得到他們的手嗎？（嗯。）他們有幾根手指？

貝：他們有五根手指。

朵：五根？四根手指和一根大拇指？

貝：嗯。不過比我的長。

朵：從你的位置你看得到他們的腳嗎？（嗯。）那是什麼樣子？

貝：很像有蹼。他們有五根腳趾。跟身體比起來，他們的腳很大。腳趾的部分很寬，腳趾跟腳趾中間有蹼。不過不像鴨子的蹼。沒那麼多。他們的腳就像是……比方説吧，人腳和有蹼的鴨腳的混種。

《星辰傳承》也報告過這種腳。還有一種類似的腳有著連指手套般的外形，但皮膚底下的骨頭像山脈一樣隆起。

朵：你有沒有看到任何可以區分性別的方式？

貝：沒有。我想他們是信差或工人。我不認為他們是機器人。如果是的話，那一定是非常精密的機器人。我想他們是活的。

朵：他們有用任何方式和你溝通嗎？（沒有。）你坐在椅子上，之後又發生了什麼事？

貝：喔，我們起飛了。飛出院子，往左邊飛出去。

朵：你可以感覺得到移動嗎？

貝：不怎麼感覺到。我感覺升起來，離開了地面。但之後就不怎麼……沒有任何移動的感覺。可以感覺到轉彎，但只要是往上或一直往同一個方向，直直往前或後退或什麼的，就感覺不到動作。

朵：你有沒有聽到什麼聲音？

貝：沒有。我們沒有飛很久。我們朝天空另一艘太空船飛去。

朵：有沒有窗户可以看到外面？

貝：有，可是我是進去到了裡面以後才知道。那裡有些像小舷窗的窗户。全都在圓頂周圍凸出的地方。我猜光也是從那裡來的。在那個小平台似的東西上面，我想下面也有。

朵：可是飛行時你無法透過窗户看到東西？

貝：那時我是面對室內的中間。不，我看不到東西。我像是半睡半醒著。

朵：然後你說他們去了一艘較大的太空船？

貝：進去了較大的船，從旁邊進去的。旁邊好像有個開口，然後它就進去裡面了。接著圓頂打開。（努力做出正確描述）頂部打開了，或是開一部分。可能是全開。我不確定。如果不是圓頂全開就是一半往後打開，打開的部分就暴露在外面。然後我就出去（小太空船），沿走廊走。

朵：他們和你一起走嗎？

貝：嗯。走廊很光滑。很流線型。淺色的牆。我不認為是白色，大概是米白色。帶點淺色金屬或布料質感。我不知道地板是怎樣。它有點像是機場的跑道。像隧道，但很大。他們把我放在房間。那是個小房間，他們讓我待在那裡。那裡沒有桌子。這是為了方便他們進來看我。

朵：誰？那些小小人？

貝：不是，不是同樣的人。他們去找他們的……我猜是上司。然後那些人進來。我想這像是心理檢查。沒有人說話。他們只是圍著我，檢查我的腦袋。他們像昆蟲。我猜跟我小時候看到的是同一種，但他們不是真的昆蟲。他們的四肢非常有彈性，很能彎，很瘦。他們大概比坑坑巴巴的小人高個一呎左右。可能跟我差不多，差不多高。他們是灰白色的，所以比粗粗的小小人的顏色要淺。他們是……你剛剛是怎麼稱他們的？他們不是那麼實體。很飄渺纖細。坑坑巴巴的小人並不飄渺。他們凹凸不平。

朵：你說在你房間裡的那個很飄渺。

貝：對，跟這些一樣。也許他們是透過這些坑坑巴巴小小人把自己投射出去。
朵：你說他們有很瘦的附肢。他們有手指或手嗎？
貝：有啊。有一根大拇指，三根手指。
朵：有沒有穿衣服？
貝：沒有。在我看來，衣服會比他們還重。衣服會比他們的身體更重，更紮實。如果他們真的有穿衣服，那也像是他們身體的一部分了。
朵：你的意思是，那不是他們能脫下來的東西？
貝：嗯，也許他們可以脫下來，但是穿上後，看起來就是身體的一部分。我不知道他們是不是天生就是這個樣子，他們沒有穿任何衣服。或者我看到的外觀的一部分就是衣服，而實際上是可以移除的，不過看起來和他們的樣子並沒有不一樣。並沒有衣服和皮膚或肉還是什麼的分界。

其他案例也報告過這種情況。有些外星生物的皮膚很細緻，容易受傷，所以從一出生便被一直被包覆在一種薄膜似的物質裡，以保護皮膚。

朵：你之前說，因為房間很暗，你一直看不清楚他們到底有多少附肢。現在你看到了嗎？
貝：就只有兩隻像手臂和兩隻像腿的附肢。（手勢）腿用很筆直的角度往上彎，腳底的部分向下，可是看起來很像底下還有其他的腿。手臂也一樣。它們很瘦，非常瘦，幾乎可以對折。（動作）

她似乎很受挫，一臉沮喪，因為很難描述清楚她看到的畫面。

朵：好。房間裡還有其他東西嗎？

貝：沒有。房間只是個小隔間，盒子似的房間。

朵：裡面有燈光嗎？

貝：有啊。好像是從牆壁發出的光。沒有燈光的裝置。在這裡他們不是「打開」牆壁就是「關掉」，就像我們會開燈或關燈一樣。我看不到任何把手或按鈕，不過我想牆壁就是這樣子運作的。

朵：整個牆壁就像是盞燈？

貝：沒錯。

朵：你說他們圍繞著你，好像是某種心理檢查？你怎麼知道？

貝：(嘆氣)哦，我不知道。但有一點，他們只是看著我的頭。他們沒有碰我。我知道他們是在投射什麼。我不知道他們是不是把自己投射到我的頭裡，還是從我的腦袋抽出東西到他們的腦袋裡，或兩者都有。

朵：當這些事在進行的時候，你的腦裡會出現畫面嗎？

貝：沒有。我就是知道。就好像我的頭和這個外星生物之間有股拉力。然後我感覺我的頭又和另一個外星生物之間有拉力。這個情況一直來來回回。

朵：那裡有幾個？

貝：一定有五個左右。（停頓）四個。

朵：四個？然後你感覺和這四個之間都有股拉力。

貝：嗯。我不是一直感覺到。我是先從一邊感覺到，然後再另一邊。我想這是因為我在轉動，所以會特別察覺到某個方向。我想這一直都在進行。我們全都是站著的。他們像是穿過我的腦袋走來走去。

朵：可是你不覺得困擾，是嗎？

貝：對，這整件事只是讓我不自在。不是痛苦，可是他們在做通常不會做的事，所以我會覺得不安。我不喜歡。

朵：有點討厭？

貝：不只這樣。這事會讓我害怕。我像是被他們擺佈。就像你在醫院生小孩的時候，他們會告訴你要做些什麼。你在生小孩的過程中，你只能生，不能有異議。我媽總是跟我說，生小孩的時候，你是任人宰割。

朵：嗯。你什麼也做不了。

貝：什麼也做不了。就是這種感覺。我不曉得他們要什麼。我不知道為什麼他們要一直這麼做。我甚至不知道他們從這裡面可以得到什麼。我的腦袋沒有收到什麼東西啊。

朵：所以你認為以前也發生過這種事？

貝：噢，是啊，我小時候就發生過。但他們大多時候是在檢查我的身體，都是身體方面的事。或許他們已經學得夠多，或者這只是一次不一樣的檢查。誰知道呢？他們像是能夠進到我的腦袋，把資料拿出來，或就是到處看看，瞧瞧裡面有什麼。而我卻一點辦法都沒有。

朵：可是你在生理或心理上並不覺得困擾，真的嗎？

貝：生理上，我不覺得困擾。心理上，嗯，那就像是沒有隱私。身體像是被扒光光，但心理上更糟。你完全被攤在檯面上。然後他們看的還不僅是現在。他們進到你的腦袋後什麼都看。過去都在你的腦裡。沒有半點秘密。

朵：你是指你全部的記憶？

貝：嗯。還有我知道的事，我的知識。

朵：我納悶他們為什麼對你的記憶有興趣？

貝：我不知道。我只知道一輩子的故事都在我的腦袋裡。我是知道故事的人。他們要看的不是你的智力。他們檢視的是我存在的本質。所以不只是今天的事。當檢視心靈時，他們檢視的是十年前、十五年前或上上週。隨他們選。他們找他們想看的，不然就到處走走，看看別的。他們看你的資料和知識，這些都儲存在你的心靈裡。還有感受。

朵：你的情緒嗎？

貝：我的情緒，是啊，這大概比別的都更重要。為什麼他們會在意我十歲生日時做了什麼？他們事實上已經看過一切。有可能主要是想知道大腦是怎麼運作的，心靈是怎麼運作的，還有情緒、情感是怎麼運作的。

朵：他們得到資訊後要做什麼？

貝：我猜是放進他們自己的心靈還是腦袋裡。我不知道。

朵：沒有什麼機器、工具或其他東西嗎？

貝：沒有。這都是透過心靈感應進行。但我幾乎可以看到光波在我和他們的腦袋之間來來回回。

朵：有點像電流？（是的。）你有沒有試著和他們溝通看看？問他們為什麼這麼做？

貝：這次沒有。我不記得我是不是……如果我不曾問過，那就很蠢。但如果問了，我想我並沒得到過回答，所以我放棄了。

朵：我想你應該會很好奇。

貝：哦，我是很好奇。可是他們沒有理由溝通，因為他們已經知道了啊。

朵：可是你不知道。

貝：他們知道我好奇。他們知道我有疑問。他們知道我不想他們做這個，但他們還是做了。所以問也沒有用。他們如果想要我知道就會讓我知道。就像是沒必要做任何言語上的表達。一切都在我的腦袋裡。他們知道我腦裡有什麼。他們要我知道的事就會讓我知道，不然就不會。我問也沒有用。所以沒有問的必要。

朵：除了滿足你自己的好奇心以外。

貝：可是他們不會回答，所以也滿足不了。他們想知道我們的腦袋裡都在進行些什麼。原因的話，我就不知道了……我猜是因為我們是不同的種族。如果我們到了另一個星球，不論那裡是什麼生命，我們可能也會對他們做同樣的事。

朵：有可能。

貝：我們在這裡就做了啊。我們拿動物做實驗。

朵：好。這個過程很久嗎？

貝：大概二十分鐘吧。

朵：他們只做了這件事嗎？就只是這個交流……不是真的有交流，只是一種連結的方式。（是啊。）接下來呢？

貝：他們離開房間。然而那三個帶我下船的人過來找我，我們回到小船上。然後就飛回去了。

朵：你沒有看到那艘較大的船的其它部分？

貝：沒有。我只知道一定比我來的時候的那艘要大許多，因為整個小船都進去了，看起來也只是佔一小部分空間而已。你知道我們人類曾談論在外太空建造一個可以殖民的基地？我覺得那是類似的東西，就算沒那麼大，也很接近了。我不知道為什麼我這麼想，因為我並沒有看到其它部分。就只是個感覺。

朵：那麼他們帶你回來之後呢？

貝：我進到小太空船。它對我們來說像是個短程的交通工具還是直升機什麼的。我們乘著它離開，但我不記得回到地面或我的床上的部分了。

朵：你不知道它是不是又在後院降落？

貝：大概是，不過我沒看到。我不記得了。事實上，我想我完全不記得了。接下來就是早上了。我認為他們有能力可以關閉我的大腦功能。或是打開，讓它曝光，就像把你的肚子剖開一樣，只除了不是真的切開來。

朵：但你沒有受到任何傷害。

貝：沒有。身體上沒有。沒有地方會痛。我的意思是，你的腦袋沒有真被打開。

朵：隔天你有沒有什麼後遺症？

貝：隔天我還記得房裡有個人影。我記得自己在想外面有艘飛碟在等我，但其他的都不記得了。我納悶自己是不是在作夢。我不記得有任何身體上的後遺症，不過我想他們在進行的時候，我的頭在痛。

朵：檢視這個體驗和談一談是好的。這樣我們就能讓它過去。

貝：也許吧。但這已經是過去的事了。所以也沒什麼要特別著墨或處理的。

朵：沒錯。重要的是，這件事沒有令你困擾。對嗎？

貝：我想有。我想它到現在仍然困擾我。還有它對我的腦袋做的事。就好像我必須生活在謊言裡。我的意思是，人總不能一天二十四小時都在說謊。所以我認為我乾脆就把它忘了。把它封鎖住。而這點，我認為造成了心理上的傷害。

朵：你說活在謊言是什麼意思？

貝：哦，你必須一天二十四小時表現得好像這件事不存在，沒有發生過。我的意思是，沒有人認為它存在，沒有別的人談它。如果你知道這件事是真的，那麼你就得活在謊言裡，不然不能融入這個世界。

朵：因為大家不會相信你？

貝：當然不會相信我啦。

朵：但你自己也有很多地方不記得了，不是嗎？

貝：對。不過那就是我的意思，要一天二十四小時都活在謊言太難了，尤其在你年輕的時候。所以我想心靈索性就把它給遺忘了。如果這（指遺忘）不是**他們**做的，就是我自己的心智這樣做的。我不知道。我想他們做了很多事。但我想就心理上來說，我們自己的心智也會為了能跟它共存而把它掩蓋。就像是**全面的**忽視。全面的忽略。

朵：我很好奇他們怎麼知道要去哪裡找你？

貝：他們向來都曉得。我不知道是不是他們對我做了什麼，還是他們用心靈就可以。如果是用心靈力量，他們只要掃瞄，我的位置就會出現。我的意思是，有可能是這樣。我真的不知道他們是怎麼知道的。我只知道他們似乎無所不知，嗯……雖然我這麼說，可是顯然他們並不知道所有的事。如果他們什麼都知道，就不會來調查了。但他們懂得的事情比我多好多，感覺他們像是什麼都知道。

我準備讓她前往另一個場景，但她突然打斷我。「或許**我**跟什麼事情有關，他們做這些事的其他對象也是。他們也對別人這麼做。」

朵：你這麼認為？

貝：噢，是啊。我看過他們和其他人在太空船上，就跟他們抓我去一樣。我不知道這一切是怎麼回事，但我知道上面有別的人類。

朵：這是什麼時候發生的事？

貝：發生不只一次。我知道他們也對其他人這麼做。我剛剛說到他們是怎麼找到我們的。你看過那些大家貼在牆上的世界地圖？他們會在特定地方用紅色、紫色或別的顏色的點來標示？我想我們身上有個什麼東西可能會發出嗶嗶聲還是閃光，他們知道哪些是他們一直在檢查的人。我不知道是不是有某個**東西**，還是說他們一旦檢查過我們，我們就會變成那樣，變成會發出某種光還是聲音訊號到某個地方，然後電腦一掃瞄，我們就會被找到，就跟作戰的導彈會找到目標一樣。我的意思是有某個雷達，有種你可以找到東西的東西。我們（指人類）也做得到。所以有某種東西可以幫助他們追蹤檢驗過的人。我們大概被某種方式留下了標記，我猜就像我們替鴿子做記號一樣。

朵：好。我們可以找出答案。我想要跟你的潛意識說話。貝芙莉的身體有沒有被某種方式做了標記？他們是否對她的身體做了什麼，以便能再找到她？

貝：是的。我想那是在她的鼻子裡。我想是在這裡的中間。（她指著鼻樑）在臉上，在鼻子裡。

朵：鼻樑？（對。）那裡有什麼？

貝：我不知道那是像蜜蜂一樣圓圓的，還是一個小正方形，像紙一樣的東西。不過那不是紙，比紙更有份量。它不知怎地就被放在裡面。

朵：它有什麼功能？

貝：它發出某種訊號。

朵：這有困擾到她嗎？

貝：有，它造成了某種頭部問題，頭痛、鼻竇問題。我想任何時候只要有外來的東西在頭部或身體其他部位就會造成些微問題。不管它是什麼，對我們來說就是個外來物。它不是要造成任何問題，但我想還是造成了。就像你戴隱形眼鏡或是有東西跑進眼睛裡的時候一樣。

朵：你的意思是它的本意不是要引起問題，但因為它不屬於人體，所以可能會造成像副作用一樣的一些問題。

貝：對。至於會有多困擾，就要看你個人的健康狀況。

朵：它是什麼時候被放在那裡的？

貝：我想是很多、很多年前，年紀很小的時候。非常小，或許還在搖籃裡的時候。

朵：所以它一直都在。可是潛意識可以幫忙減輕任何外來物體造成的問題？（是的。）因為我們對它可是沒辦法。如果它在裡面，就不能去動它。

貝：我想可以做一些調節，協助中和它引發的效應。

朵：這是她身體裡唯一的外來物嗎？

貝：我不確定。腦部可能有東西。一個監控裝置。我想是在右邊。（她把手放在頭頂的右邊）可能是靠後面。

朵：那是什麼裝置？

貝：我想是監控腦波的活動。

朵：它是什麼樣子？

貝：我不知道晶片是什麼樣子，但我有個感覺，它一定就像電腦裡用的晶片。某個微小的東西。也許不像紙那麼薄，可能有一些些厚度，不過非常非常小。

朵：這個東西有沒有造成問題？

貝：不是會引起注意的問題。我認為意識到這些東西的存在所產生的問題，比物體本身還多。

朵：那麼你認為她最好不要知道嗎？

貝：不是，當我說「意識」的時候，我不一定是表示有意識的覺察。她其實覺察到這個東西的存在，而且是一直覺察到。因為這樣而引發的情緒焦慮就足以對她造成問題。

朵：我明白了。我們不想讓她有任何不適。主要是她能快樂和健康。

貝：嗯，我不認為可以忽略它（指體內的東西）。

朵：沒錯。但或許我們可以幫忙減輕它造成的問題或副作用。如果你可以用任何方式協助她，我會很感謝。

貝：我想接納大概是唯一的答案。我不知道還能建議什麼……雖然我知道的或許比我以為的更多……。但我知道的事情比他們少太多了。我要處理的是超越了我所知道的。

朵：沒錯。在這種情況下，最好是去忽略它。但在身體上，我們想要減輕這些物體可能造成的問題。

我於是引導貝芙莉回到現在，將她帶回完全清醒的狀態。我照她在催眠開始前的要求，給予戒菸的暗示。她醒後只記得戒菸指令的一部分，還有潛意識對她戒除這些習性有多麼困難的評論。她對腦裡有東西的部分沒有印象。我想也最好不要現在就告訴她。她聽了錄音帶以後就會知道。或許到時她會比較能夠接受。我不想讓她沮喪或受到驚嚇。

我後來沒有再催眠貝芙莉。她決定不再探索幽浮事件。顯然她的潛意識認為她發現的事情已經夠多了，不想讓她的生活複雜化。大概也是基於同一個理由，她把錄音帶束之高閣，一次也沒聽。令人驚訝的是，我的個案中有很多人始終無法鼓起勇氣去聽催眠療程的錄音。催眠結束後，他們就把錄音帶收了起來。或許這樣也好。

我們始終沒有找出貝芙莉為什麼會有奇怪的健康問題。或許這是外星人監控她的原因之一；他們可能也想瞭解吧。

貝芙莉繼續過著畫招牌看板和兼職畫家的生活，所以這些奇怪的催眠療程顯然沒有不好的影響。

這些年來，特別是在涉入幽浮調查之後，我都會把自己生活裡發生的怪事做記錄。我從不曉得這些事件究竟是不是超自然現象，但如果它們不尋常到足以引起我的注意，我就會寫下來。我也不知道以後是否會派上用場。我和個案合作時也是一樣。由於做了大量的筆記，當我想把事件寫到書裡時，往事又會歷歷在目。本書的細節就是這麼來的。

在編纂本書的焦點案例時，我翻閱我的筆記，發現自己曾發生過一件讓我聯想到貝芙莉的事。我一直認為貝芙莉醒來後發現後院有奇怪的光線，卻不起床察看的反應很奇怪。但在我自己的事件中，我也表現出同樣的無動於衷，並在不尋常事件發生的當下，把它當成正常的事去接受。

以上這些案例大多是在一九八〇年代晚期，尤其是貝芙莉的相關事件。我的筆記記載我的經歷發生在一九八八年十二月，正是調查這些事件的高峰期。不過我在當時並沒想到兩者之間的關聯。

我的筆記：

一九八八年十二月十八日，我在大約凌晨三點醒來去上廁所。當我走出臥室，經過短短的走廊到廁所時，我注意到有道明亮的光，從前廳的大觀景窗投射進來，不僅照亮了房間裡大半的東西，也照射到走廊的牆壁。我對自己說，一定是滿月，滿月的光就是這麼亮。我在臥房的時候沒注意到這個光，因為為了擋光，那裡的窗簾都拉上了。

我在廁所時是面向走廊，透過廁所門口可以看到走廊牆壁，我發現前廳投射進來的光線就照在部分的牆壁上。我什麼都還沒想，突然間那光就離開了，一切都暗了下來。光不是啪地一下子不見，而是較漸進式的，但速度還是很快。黑暗似乎從右邊往左移動，快速把光吞沒。光只有再短暫地閃現一下，然後整個房子就都變得非常暗。我立刻想到一定是有雲飄過月亮，遮住了月光，雖然那一定是一朵移動很快速的雲。如果有強風的話，確實會如此。不過當我從廁所回到房間，拉開窗簾往外看時，卻不見月亮和雲層，也不覺得有風。那是個平靜、清澈、星光點點的夜晚。

我納悶自己如果先去了前廳而不是廁所，是不是會看到大觀景窗的外頭有什麼東西。我經常會到窗前觀望月亮或星星，但內急卻讓我沒法做別的事。光消失的方式暗示了移動，就像是從窗戶的左邊移動到右邊。這可以解釋走廊是從另一個方向一路暗下來的情況。

我的房子跟別的房子不一樣，建造的方式並不一般。它有兩層樓，客廳、臥室和廚房都在二樓。客廳有一扇觀景大窗，面對著人煙稀少、高低起伏的山坡。我考慮過有車子經過家門前道路的可能，但後來放棄了這個推測。道路在幾百呎外，房子又被一排濃密的樹木遮蔽。我曾經看過車子來回經過這條路上許多次，每次車燈投射到牆上的光都是分散和閃爍的，這是因為樹林的關係。每當有車子經過時，樹的輪廓也一定會映照在牆上。即使是車子開上我家車道，然後停在門前，那個光線也不一樣。我觀察過這個情況許多次了。那道光並不是從路上或車道投射進來的車燈。它一定是從一個較高的角度照進來，而且是非常耀眼的光，不然不能照亮整個房間和走廊。

約莫一週之後才真的是滿月。我觀察滿月是否會在晚上造成同樣效果，結果發現一年之中的這個時候（冬天），月亮會直接越過屋頂，而不是像夏天那般掛在窗前。因此，從窗外投射進來的月光角度不一樣，並沒有造成我先前看到的光影效果。直到現在我還在納悶，如果早點去窗前的話，不知道會不會看到什麼。

我並不是說我看到的光是一架幽浮，但這件事顯示當我們在夜間因奇怪的光或聲音而醒來時，我們的反應和行為卻不見得會依常理走。

第六章　宇宙圖書館

當個案進入出神的夢遊狀態後，有很多方式可以獲得資訊。通常這會是來自重溫前世的經歷，但由於他們侷限在某特定一世的身體裡，所以會受到限制和阻礙。個案只能描述他們個人所知並在那一世接觸到的事物。我發現最好的資料是來自當我引導個案進入人世之間（一世與下一世間）的過渡期，也就是所謂的「死亡」狀態的時候。這時物質身體的限制移除了，遮蔽的眼罩也被取下，他們有管道取得想要探索的任何資料。

我在靈界發現了一個神奇的地方，那裡有無限的知識。我最喜歡在靈界的圖書館調查和研究。我的個案曾用很多不同的方式描述，但我相信他們談的都是同一個地方，只是以各自的認知替它定位。許多人形容它是一棟真實的建物，那裡有許多不同形式的知識，尋找者依他本身的進化程度而取得。不僅書架上有書可以閱讀，當事人也可以進入房間，資訊會以3D全像的方式呈現在牆面上。

許多時候，當我們進入圖書館時，會有一位看守者或圖書館員來迎接，理論上是要審核我們是否有使用的許可。接著，他會引導我們到圖書館的適當區域，我們可以在那裡找到要找的資料。雖然在少數案例裡，個案對圖書館的描述不太一致，但我相信他們說的都是靈界的同一個地方。

有位個案這麼描述：那是所有世界裡我最喜歡的圖書館。

朵：我去過圖書館。你可以跟我說你的圖書館是什麼樣子嗎，這樣我就知道是不是同一間？

S：它是白色的。沒有天花板，沒有屋頂。它有柱子。書是放在玻璃書櫃的層板上。每個區域都有人類所知的各種主題和形式的書。有記錄所有存在過的世界歷史的書，也有指出將要存在的世界的書。這裡收藏過去，收藏未來。它也收藏現在，因為這些都是一體。

朵：有人負責管理嗎？

S：（熱切的口吻）有！

朵：我叫他「管理員」。是同一個人嗎？

S：是的。我雖然叫他書籍「看管人」，但他的目的跟管理員相同。不過圖書館有好幾間，每間都有自己的管理員。每間也都有各自的資訊。就像這個世界有不同的團體，那個世界裡也是。那個世界的每個團體都有自己的系統。就像不同種族有不同的習俗，那裡的團體也有對應的體系。舉例來說，有一座圖書館是醫學圖書館，專門針對有興趣學醫的人。有的圖書館跟星星有關，那是給想要學習天文學或占星學的人使用。也有一整個圖書館就只涵蓋一個主題的。我們在那些地方真的能學到很多東西。我們也可以學習我們注定要知道的事，畢竟我們也只能知道這麼多。有很多資料並不是要給我們看的。

朵：對，我以前就聽說過，有些知識是毒藥而非良藥。我們不但不能瞭解，它還會阻礙我們。

一九八七年，有位個案進入圖書館尋找資料，因此有更多的資訊出現。個案回答了相當多的問題，他的回答都已跟其他也接觸到同樣資料的個案的答覆整合在一起。由於資料非常類似，我把它們編輯成像是同一個人在說話，但實際上是來自好幾位不同的個案。這些資料都是在我還沒開始積極調查前就已經傳遞過來。（譯注：以下S代表個案，非人名）

S：我剛進入圖書館的圓形大廳。

朵：圖書館管理員在嗎？

S：他正朝我過來。他是個光體，穿著一件白袍，有個帽兜，他的臉非常安詳幸福。好美。他閃耀著光芒，跟他周圍的色彩一起脈動。

朵：如果他能幫我們找到這個時代所知的幽浮、飛碟或外星飛船現象的資訊，我們會非常感謝。我們能夠取得這個資料嗎？

S：他現在帶我去觀看室。我在房間的中間，一切就都在我的周圍發生，像全像式的立體影像。你可以從所有角度看到，我就是這樣子在看。他指向螢幕上不同的東西。他說我們所稱的太空船有很多有趣的事，但它們都是計畫的一部分。他說宇宙裡有很多、很多、很多的星球已經演化出較高的生命形式，超越了我們在地球這所考驗學校所能理解的範圍。他在給我看……（讚歎敬畏的語氣）我看到……噢，無數的、數不清的星星。好寧靜好美。他在給我看地球，他還指著不同的星星。他說：「較高的生命形式生活在這個區域……在那邊那個區域，還有這一塊。」他給我看其他世界的**美麗**照片。有一個好漂亮的紫色行星。他說那是許多幽浮的家鄉。他說那些外星人必須複製一個運輸工具。他們可以以**靈魂形態**離開母星外出旅行，但當他們靠近地球大氣，他們就必須在一個運輸工具裡面顯現，而那基本上就是我們所稱的「太空船」。

朵：你的意思是，他們是在進入我們的大氣之後才創造出太空船？

S：沒錯，因為地球的密度和振動性質跟他們的星球很不一樣。

朵：你知道那個星球在哪裡嗎？或是有多遠？

S：他說到跟參宿四（譯注：Betelgeuse，位於獵戶座）有關的事。我想那是個星座或恆星。

朵：為什麼他們要來這裡？

S：圖書館管理員現在正在跟我說明。他說，他們之所以來地球，是因為地球即將成為靈性宇宙的一部分。來自宇宙各地的許多生命都已聚集在此，要共同見證這個重大的事件。

朵：你的意思是，他們在這裡只是觀看？

S：分析和觀看。

朵：好，如果他們以靈體形式旅行到這裡，並形成太空船，那他們自己也跟著變成實體了嗎？

S：因為地球的振動和他們的星球不同，他們必須形成太空船才能進入地球大氣。這是他們能夠降落和觀察地球的一種方式。就跟我們登陸月球類似，我們必須攜帶氧氣之類的東西。

朵：這很令人困惑，因為我以為他們既然是靈體形式……但你的意思是，他們多少把自己的身體也傳輸過來。然後再創造出這個太空船？

S：是的，這對他們來說很困難。地球的振動本質正在改變，他們將在場觀看，但他們不能在這個振動裡運作，所以必須使用像是太空船的交通工具來保護自己。

朵：他們有肉體，實質的身體嗎？

S：沒有，在他們的母星上沒有。

朵：在這個星球呢？

S：在這個星球，他們用一種像是身體殼的東西罩住自己，好讓他們可以在這個振動性質中運作。

朵：這個身體殼看起來是什麼樣子？

S：他們試著看起來像是人類。我看到他們有漂亮的臉和眼睛，還有金髮，他們的皮膚幾乎是金色的。

朵：那麼他們在母星上是什麼樣子？

S：他們有更能量化的身體，可以隨意改變形體。

朵：所以他們在這裡就只是觀看？

S：觀察是比較好的字。他們在不同的時期確實也試著跟其他人接觸。

朵：這麼做的目的是什麼？

S：讓人類知道他們（指人類）被觀察。他們在這裡是為了地球將變得更文明，繼而成為靈性宇宙的一部分的這件重大盛事。

朵：那麼他們想要地球上的某些人知道有別的生命在觀察？

S：我真的無法回答這個問題。

朵：你不知道還是不被允許回答？

S：圖書館管理員說：「每件事都有它的目的。不要質疑。」他說一切終將揭曉。還有其他的外星生命也在這裡。他們的出現最終都會有個目的，但現在這個資料還不能說明。他們是為了一個明確的目的才在這裡，只是現在還不能透露那個目的是什麼。

朵：嗯，我們可以問他特定的問題嗎？他會給你看到答案嗎？

S：要看是什麼問題。他說，重要的是要瞭解以你們心智能力的等級，你可能無法明白這個傳輸管道正在使用的一切。他說以你們此刻的演化速度，有些問題不能回答。

朵：如果不能回答，他就這麼跟我們說。好，那我們可以檢視這個太陽系嗎？

S：他現在正指向圍繞著太陽排列的其他星球。

朵：有多少顆？

S：他說在地球結束前，我們會發現這個太陽系有十六顆行星。他說大約在二〇四〇年將發現一顆巨大的行星，西元三千年左右又會發現一顆行星。之後再發現一顆，而那會是最後一個。這將會發生在基督之後約六千年左右。

朵：這些行星現在有沒有生命？

S：他說所有的行星都有生命，但可能不是我們在地球世界所熟悉的。

朵：有沒有人類或類人的居民？

S：在太陽系的這個區域沒有。地球是唯一的一個。

朵：過去曾經有過嗎？

S：有。他說火星上一度有過類人類的生命。他現在就指著它，它是顆紅色的行星。他說金星上曾有過類靈體的人類。他說所有行星上都有靈魂存有，他們就像是管理人和看守者。

朵：這些靈魂形式的存在體曾在那個行星或其他地方有過肉體嗎？

S：在這些行星的靈魂大多有著比你們地球人更高的振動頻率。對他們來說，到地球必須降低振動，所以是很痛苦的事。這也是為什麼他們不常在地球層面以人的形體出現／具體化。不過他們現在和過去都曾經**來過**，未來也會。只是這對他們來說很辛苦，因為降低振頻會很辛苦。就像是試著把龍捲風壓縮到一個玻璃杯裡一樣。

朵：很好的比喻。你說火星上曾經有過人類的形態？

S：是的，但這是很久前的過去了，以我們地球的計算，差不多是七萬五千年前。當時火星上存在著與地球類似的生命體，但因為對能量的誤用……他們跟太陽系這個部分的靈性進展並不一致。結果，他們被放逐到宇宙的另一部分。

朵：他們的文明有留下遺跡嗎？

S：當人類探索到那個地區的時候，便會發現他們文明的證據，但是這個資訊不會被准許透露給一般大眾。

朵：為什麼不會被准許？

S：他說，因為人類仍然是透過自己的貪婪、力量與支配／控制感在運作。因此這類資訊只有大權在握且居支配地位的人才會知道。

朵：離我們最近、具有智能生命，並且有能力在宇宙間旅行的星系是哪個？

S：畢宿五（譯注：Aldebaran，屬金牛座）。

朵：現在來地球的那些太空船和外星生命呢？

S：那些外星人在觀察地球，但不會怎麼干預。他們確實是懷著對人類的善意與和平而來，因為他們在努力幫助地球兄弟改善進化的速度。他們有許多是來自畢宿五、參宿四和又稱犬星的天狼星。來自那個區域的存有是這個銀河系的一分子，跟地球人本是同源。目前他們正靜觀和期待地球的進化速度成長到較高程度，好在銀河聯邦裡有一席之位。那是以光和愛為中心的先進存在體的靈性聯盟，我們則是屬於那個計畫。他說，並非所有來到地球的外星生命都是正面的。有一個群體會被你們視為負面，不過他們是少數。他們屬於另一個邦聯。

朵：你能告訴我們他們長什麼樣子嗎？

S：他們普遍有爬蟲類的特徵，眼睛很像爬蟲類。他正在給我看其中一個的圖片。他說他們最初是透過爬蟲類家系演化，地球人會說「像爬蟲類」。他們的皮膚不像我們的這麼平滑，很粗糙，但不真的是介殼。他們有很大的眼睛，長條狀的瞳孔。他們不是真的有鼻子，但有鼻孔。他們的嘴巴事實上很小，也不像我們在地球上那樣吃東西。看起來他們是吸進能幫助他們生存的要素（essences）。他現在在給我看這整個種族大小不同的成員，他們的身體從四呎到八呎都有。

朵：他們有像我們這樣的四肢嗎？

S：有，他們有四肢。他們有類似蜥蜴手指的東西，很像鳥爪，但不是爪。它是越來越細。

朵：他們有幾根手指？

S：要看是來自哪個系統的物種。有些有四根，有的三根，也有的有六根。

朵：他們有像我們這種可以跟其他手指相對的大拇指嗎？

S：四根手指的有。其他的沒有。

朵：身體上的毛髮呢？

S：他們沒有我們這種毛髮，也沒有毛皮。他們在身體不同的部位有保護性的外層，那是比毛髮還堅硬的皮膚。舉例來說，生殖系統附近的皮膚就很硬，因為他們在繁衍時會激發變硬的感官，會對彼此粗魯，於是那個部位就演化得較堅韌。

朵：他們有不同的性別嗎？

S：有，他們有不同的性別，但三根手指的有一些是雌雄同體。三根手指的男性和女性都能孵育後代。他們看起來像爬蟲類，所以生殖系統是排卵。他現在給我看一個影像。他說這是他們生育的方式。他們會生蛋，蛋是放在身體裡的特別腔室。

朵：他們有耳朵嗎？

S：他說他們的聽覺非常敏銳。他們的頭蓋骨上面有著像是殼類的東西，不像耳朵，但他們能聽到的音高範圍比我們廣。

朵：他們的太空船呢？他們最常被看到在哪種飛行器裡？

S：他們的太空船比較是圓筒形。有些是雪茄狀。其他的看起來像蛋或球體。他們使用他們那個地方的有機材料來建造太空船。它混合了橡膠、塑膠、玻璃纖維和金屬，是一種非常堅硬的物質，但是有機的。它可以禁得起許多熱度變化和極端的寒冷，而且很耐久，畢竟他們的母星是在宇宙的另一邊。那個材質很有彈性。它經過很多變化，因此可以擴張和收縮。他們已經懂得利用太陽能，所以太空船的動力來自於太陽能聚集器。我們會稱它是太陽能量（solar energy），但對他們來說那是恆星的能源。他們集中來自不同恆星的光束，驅動太空船飛行。他們叫它星能聚集器，因為他們在旅程中使用不同的恆星作為指引系統，去他們想去的地方。他們來的地方離地球很遠，他們才剛在我們這個銀河系的這部分漫遊。

朵：他們在這裡多久了？

S：他們在過去一千年才開始在這個區域漫遊。

朵：我們要如何分辨正面導向和負面導向的外星人？

S：這是個很有趣的問題。你們會對那些對地球人有親切感的較高階生命體感覺契合。你們會感受到愛和幸福，還有友情。來自另一個邦聯的外星生物基本上非常冷淡、不帶情感，你們會感到害怕。最明顯的感覺就是恐懼。

朵：有人目擊過高大金髮的外星人。你知道他們的事嗎？

S：這些比較像人類的外星人是屬於這個銀河系統。

朵：他們在這裡有基地嗎？

S：他們使用過天王星的兩個衛星。他現在給我看天王星，那是他們在銀河系這部分探索時的基地站。

朵：他們在地球上有基地嗎？

S：類人類的外星人有。他正在讓我看其中一個在海裡。他說他們的太空船可以進入水中。那是在加勒比海附近。另一個在某處的高山。對，他給我看的地方像南美，靠近亞馬遜河。然後他給我看另一個在澳洲或新幾內亞靠近海洋的基地。他說，這些人充滿了愛和光，在努力幫助人類。他們來這個星球已經千百萬年了。我們會稱他們為「看守者」(The Watchers)。

朵：這些人曾經與人類接觸過嗎？

S：有，為了特定的理由。如果不是協助人類靈性的成長，就是要傳遞新發明等這類事物的資訊。他們在地球變動的時候將會為地球服務。

朵：類人外星人的太空船是什麼樣子？

S：通常是傳統的碟形，基本上是由某類金屬製成。非常閃亮，是會發亮的金屬。我不知道是哪一種。他說，未來你們將會知道這些太空船和這個金屬的資料，但它不是在地球上開採的，地球也沒有可以比較的金屬。⋯⋯他們是用思想的能量發動太空船。「思想的能量」，這是他給我的詞。透過群體思想的能量提供快速推進力。這個能量會被收集起來，儲存為電池的能量。太空船的動力就是這麼來的。

朵：電池是由什麼材料或物質組成的？又是怎麼運作？

S：(微笑)他剛剛把一張巨大的藍圖放到我面前。我看不懂。他在說，思想是能量，地球人不瞭解思想有多麼強大。他說你們很難理解。它本身並不是收集在電池裡。⋯我不瞭解他想說什麼。他說你們的心靈很難領會那個意思。地球人，人類，終有一天會擴展意識，然後能夠瞭解這個現象。但以目前的進化速度來說，你們還沒準備好要接收這個訊息。

朵：看守者除了穿越空間旅行，也在時間中旅行嗎？

S：身為先進的生命體，他們能在各種空間旅行。而時間**就是**空間。

朵：曾經有太空船在地球上被擄獲或墜毀嗎？

S：有兩艘爬蟲類型的外星人太空船曾經在地球墜毀。一個靠近亞利桑那州的沙漠，另一個在印度洋。

朵：有被找到嗎？

S：在亞利桑那墜毀的那一艘。

朵：船上有人嗎？

S：船上有兩具燒焦的屍體。

朵：他們呢？

S：他說他們現在已經被焚毀了，但科學家曾研究過他們。他說美國政府和蘇聯政府曾經跟外星人有過多次接觸，不只是爬蟲類型的外星人，還有來自這個銀河系地帶的外星人。不過他們怕引起人民的驚慌，所以沒有把資訊透露給一般大眾。在蘇聯，曾有一位電波望遠鏡的操作員與外星人通訊，結果長官拔了他的官階，還把他送去別的地方。他們送他到精神病院⋯電擊，現在他……（在問問題）精神崩潰了嗎？嗯。他因為對蘇聯地下組織透露了這方面的資料，所以被如此對待。他們認為他的舉動會引起人民的驚慌，會使他們失去掌控和權力。

朵：他收到哪一類的通訊？

S：他們之間透過電子脈衝建立了一種密碼。

朵：類似我們的摩斯密碼？

S：不，不像摩斯密碼。他現在在給我看某種像是把光轉譯到雷達螢幕上的脈衝。

朵：你提到的看守者，他們有任何人住在地球裡面嗎？

S：沒有，他們不住在地球裡。他們住在自己的太空船裡。

朵：我的意思是，地球裡面有住人嗎？以地球是中空的理論來說。

S：沒有。他正在給我看地球的照片。他說，萬古以前地底曾被挖掘為基地使用。這些看守者重新發現了這些洞窟。就像探索者在爬山時偶爾會回到同一個洞穴，但不是真的會住在裡面一樣。他們真的不想住在地球上。這對他們來說不重要。他們在這裡探索，但通常他們跟其他星系有通訊的方式。

朵：我們聽說有些太空船出現在地球各處，像是在收集能量或水，這些案例是怎麼回事？

S：他們不是在收集水，也沒有在收集能量。他們事實上是替電場充電，並接收通訊、能量。他們在監控海裡的各種生物，包括鯨魚、海豚、鯊魚。他在給我看他們做的實驗。當他們出現在跟通訊以及動力有關的各種設施上空的時候，他們也在監控我們的通訊、電子容量和核動力。

朵：他們多少給了人類他們在依賴我們的動力設施來運作的印象。人們以為他們從發電廠之類的地方取得動力。

S：（微笑）他說，不，不是這樣的。這些外星人的演化太先進了，你們還在幼稚園，他們已經到了高中層級了。

朵：他們一定旅行了非常遠的距離。他們在行星間或是銀河與銀河之間的通訊模式是什麼？

S：一樣，思想的力量。

朵：跟之前的問題有關……為什麼他們不透過無線電頻率來回應我們呢？

S：他說他們過去有過。我們剛剛也才談到發生在蘇聯的事。可是，同樣的，人類還沒準備好。他是這麼說的：「人類還沒準備好。」人類懼怕較高、較先進的外星生命會統御他們。

朵：好，現在我們得到的印象是基本上有爬蟲類型和看守者兩個主要類型。還有多少類型在造訪地球？

S：目前出現在銀河系這區的就是這兩個主要族群。還有比看守者更先進的外星生命，他們偶爾會來地球。但他們只……噢，每一萬年來一次。

朵：這些人和地球人類的創造有關嗎？

S：有，看守者曾協助塑造人類。他說你們會把他們看作天使。他們過去確實曾在人類面前以天使的形象出現。還有，是的，他們幫助了這個星球上的生命的形成，並協助生命演化到較高程度。他們現在仍然在協助，協助人類進化的速度。他們現在在試圖創造出更完美的人類身體，他們在人類對疾病的免疫力和抵抗力方面努力。所以最後將會有那些具有那樣血統的人類身體對地球現在大多數的疾病最有抵抗力。本質上，這個基因工程的意圖就是要創造更完美的身體。一旦靈魂的覺察提升了，就能更完美地轉換到這些更完美的身體裡。更完美的靈魂需要更完美的身體。

朵：那麼他們實際上是幫助多於傷害，不是嗎？

S：確實。在這當中並沒有任何一點傷害的意圖。

朵：有些外星人似乎能進入屋子裡，而警鈴卻完全沒有啓動。他們就這樣出現在屋裡了。他們是怎麼做到的？

S：他們使用一種反物質能量，因此他們像是可以散布和分解，然後再出現。他們傳輸時用的也是同一種方式。

朵：你的意思是，他們分解身體？

S：對，分解身體的分子，然後再重組。

朵：這似乎是痛苦的經歷。

S：噢，是的，確實是。這是為什麼人類事後大多不會記得。外星人把他們的記憶拿走了，因為如果記得這類經歷，對他們會很痛苦。

朵：喔，這樣的話那這是體貼的行為。

S：看守者是來協助人類從最初的原始進化到靈性的光輝，好讓人類能參與他們所稱的「邦聯」，也就是進化的生命體在這個銀河系的聯邦。有些別的生命有他們自己的目的。他們在宇宙各地都有可以探索的網絡，可以看看外頭有些什麼，有什麼是可以讓家鄉星球的生命體系利用的東西。他們在過去千年來獲准來地球，看看地球上有什麼是對他們有用的。他們已經從地球採集了一些東西，像是水晶，不同類型的石頭，尤其是鎂。這是為什麼他們會出現在非洲和亞洲地區，特別是在印度附近。他們從地球拿了一些對他們的生命形式非常珍貴但在母星找不到的礦物。他們也帶走植物做基因工程，好讓植物適應跟地球很不同的母星環境。他們家鄉的大氣、重力和密度跟地球不一樣，然而，他們那個不一樣的世界也是需要植物的。

朵：為什麼看守者不能防止負面的外星人來地球？

S：因為他們（指負面的外星人）仍在探索，並還沒有征服不同的世界。除了我們的世界之外，宇宙各地還有別的世界有著和我們類似的進化階段。他正在給我看另一個看起來很像地球的星球，它在一個非常遙遠，連名字都還沒有的恆星附近。它跟地球很像，他們也一直在觀察那個星球。但除非這些外星人變得更好戰，更執迷於在宇宙間擴張他們的領域，要不然看守者並不能做什麼。

朵：地球上的古文明是否曾接觸過這些外星人？

S：喔，在亞特蘭提斯的時代，許多關於水晶、能量、光和太陽光、太陽能之類的資訊都是和外星人自由交換的。看守者在那個文明的發展採取一個比較主動的角色，在雷姆利亞人的文明也是。他們也跟埃及人和巴比倫文明，還有印度河流域的人民互動。這些民族在某個時期或階段都曾跟看守者有過連結。

朵：那麼看守者是當時唯一來訪地球的外星人嗎？

S：是的，他們是當時唯一獲准來到這個星球的外星生命。

朵：看守者都是同一個類型，同一個種族嗎？

S：他稱我們是「人族」，跟他們有同樣的基因組成。看守者是類人類。他們可能有一些不同，例如不同類型的眼睛顏色，還有不同類型的骨骼架構。他們有兩到三個器官系統跟地球人差異很大，但整體來說，看守者和地球人在基因上很一致，因為都是同樣的銀河系成員。他們會一直看著地球從野蠻進展到高振動的層次，繼而在這個銀河聯邦佔有一席之位。現在這個聯邦大概有三十六個星球。地球將會是第三十七個，之後還會有兩個。

朵：看守者知道宇宙其他地方的事嗎？

S：圖書館員說他們擁有完善的知識。而且他們一直跟母星基地和所有基地都有通訊。他們有……我能想到的最適當的字是「滲透」（作用）（osmosis）。他們非常瞭解時間與空間的知識，也隨時知道發生了些什麼事。他們用心靈感應而不是說話來跟彼此和其他生命互動。他們在這方面非常先進。他們可以把能量傳送到很遠的地方和各個時空。我們如果是在這個層次，就不會有戰爭或衝突了，因為大家都會融洽和諧。這是他用的字：調諧。

朵：爬蟲類型的生命在這方面不一樣嗎？因為他們沒有這種溝通技能和知識？

S：他說他們使用點擊信號（clicking signals），那是他們發展出來的。聽起來像卡嗒聲，信號透過他們體內和太空船上的儀器傳送和放大。它能在很大的時間弧線中傳送。他們利用恆星的力量回傳不同的點擊信號。這是他們將資訊從他們星系的一端傳送到另一端的方法。

朵：現在有任何類人類的外星人在地球上跟人類一起生活嗎？

S：有。他說他們有些人轉世到地球，為的是在地球快速發展到更高振動形式的時候，幫助地球走過這些變化。

朵：我的意思是，他們有沒有是以自己原本的形式生活在我們之中？不是轉世為人。

S：很多來自這些地區的靈魂已經轉世到地球。沒錯，看守者中的類人類也有以原本形式生活在地球上的，他們分散在全世界，而且大概只有三十六個。他們在監控人類在核子、雷射和破壞性技術方面的成長與能力。

朵：那麼人數不多，不至於被我們發現。

S：有六個聚集在我們的西南方，三個在我們的東北方，一個在西北方，兩個聚集在我們國家的中央地帶，還有一個應該是在佛羅里達。有兩個在波多黎各的電波望遠鏡附近。其他的分散在全世界各地。

朵：他們會互相聯繫嗎？

S：是的。他們一直在監控各類型的能量發展。

朵：這些類人類生命是否有過跨種族的繁衍或是跟地球人有後代？

S：他們被禁止這麼做。過去有過。人類就是這樣子成長的。他們早期曾與動物般的生物混種並協助類人形式的生物進化。不過並沒有交配。他們用的是我們稱為基因工程的技術。他在給我看像是實驗室的情況，這是人類的起源。他給我看引自聖經上的句子：「神之子娶人之女為妻。」他引述的是《創世紀》的第六章第二節：「神的兒子們看到人的女子美貌，就隨意挑選，娶來為妻。」以及同一章第四節：「那時候有巨人在地上，後來神的兒子們和人的女子們交合生子。」

S：這段經文就是這麼來的，描述發生過的事。但現在他們不能再這麼做了，因為這是違反自由意志。你瞧，看守者尊重我們的自由意志。然而，爬蟲類型則視我們為較低的生物形式。他們從爬蟲類的模式演化，因此在我們所謂的「靈性演化」的進化程度並不高。圖書館管理員說，看守者是較高的靈性能量，我們只要容許自己在較高的靈性模式運作，便能排拒負面的生命體。較高的靈性力量絕對是對爬蟲類型感到反感，也不被這類型的能量吸引。

一個有趣的觀察是，爬蟲類型是外星人的負面成員，而聖經裡的蛇、角蝰（一種小毒蛇）、龍等等，也多代表負面的影響。

管理員開始直接對我們說話。

S：重要的是，你們必須知道，在經歷過即將的混亂時期和地球變化之後，你們將一帆風順。將會有很多的學習。你們將在星際旅行方面得到協助。你們將開始對你們的宇宙和所有其他宇宙有更多的瞭解。宇宙的其他領域將提供協助，你們則會加入他們。雙邊將有密切且**知識性的**交流與合作。你們之前從未有過這樣的關係。宇宙中的其他生命早知道你們，但你們不知道他們。你們將會知道的。一切都會進行得很順利。在混亂過後會鬆一口氣。

朵：為什麼他們要協助我們？

S：他們對誰都會給予協助。等你們到了那個位置，你們也會做同樣的事。因為我們都是**一體**的部分，彼此息息相關。你們一直沒有覺察這點，因為你們一直是在初期階段。你們將會從那個階段成長，進入我們都是一體的意識。就像人類理性時代來臨的時候。

朵：你說我們彼此息息相關。你的意思也包括生理上嗎？

S：你說的是生理**外觀**？

朵：基因什麼的。

S：是的。大家都得從某個地方來，而我們在生理上都是有關聯的。但更重要的是**形而上**的連結。你們有一個開始，而從歷史來看，你們所知的也只是地球。但在那之前還有個開始，或者該說你們在這裡以前便存在了。這個就不是你們的歷史書會知道的了。

朵：有一派思想認為，我們全是在這個星球上起源和演化。人類是透過物種的演化而創造出來的。

S：是的，透過氣體、薄霧和固體的混合與碰撞，就意外冒出了他們認為具有生命的東西⋯⋯。這不是真的。外頭有很多、很多的行星——如果我們要這麼稱它們——目前還沒有任何生命。如果它們有了生命，那也不是因為事情就這樣發生了，而是用某種方式創造出來的。如果不是星球本身將經歷某個改變，從此能夠支持生命的運作，就是它已經可以被播種，然後生命的種籽就會被放在那裡，好讓生命能夠演化。

朵：你的意思是，從來沒有哪個星球有偶然誕生的原生，土生土長的生命？

S：沒錯。生命不是始於意外。任何的原生生命要看你想回溯到多久遠以前。你瞧，如果有東西早在史前就存在，你們會認為它是原生的。但那只是因為你們的歷史有限，不代表它一定就是原生的。這要看你們想回溯到多遠以前。

朵：那麼可以說**所有的**生命、植物、礦物或什麼的，都必須經過引進，然後才能開始嗎？（**是的**。）從來就不是自己演化出來的？

S：對。**以後**也不會。那會很沒有規律。相當——我不知道那個字是什麼——**非常**沒有條理，非常失控，缺乏統一。那會混亂無比。

朵：我在想的是，在行星自然的降溫時，混和了氣體和其他的必要元素，因此生命可以自發性的演化。

S：不。生命不是這樣子來的。在氣體和／或不論你指的什麼的降溫中，棲息地可能會變得有能力**支持**一種生命形態的生存，但生物並不會自己演化出來。生命就是**這麼的**珍貴和重要。你們不瞭解它實際上是多麼被小心呵護。並不是說設立了一個系統，生命就會自行出現，而其他人並不知道它或跟它毫無關係。生命不是這樣子被創造出來的。任何一個星球上的生命形態都經過許多照料，它們是小心規劃出來的。在生命發生以前，環境會先被安排好。**生命**就是如此被看重。

朵：我在想這樣的計畫會有多麼巨大，需要多少人的參與。

S：我對這些事不是全部都有答案。我只知道它的規模遠比你們所能想像得還要宏大。

朵：我想到的是那些可能存在、所有數不清的世界，還有執行這類計畫的個體數量。

S：沒錯，但他們不完全是個人。還有偉大的力量。比我所知的更偉大，所以我無法說明。

朵：我想的是那些會被派出去做這些不同工作的個體。但你的意思是除此外還有個什麼。

S：有某個超越並在那之上的，沒錯。我剛剛不曉得你指的是物質的對應物（physical counterparts）。你是這個意思嗎？

朵：我想是吧。就是負責做這件事的。這似乎是個很龐大的計畫。

S：這是意識的問題，和派出去做這件事的人數多少倒沒有那麼大的關係。確實有些人被派出去做這個性質的工作。但也可以集體植入一個意識，而不是個別地被派遣。這兩者都會發生。

朵：我想到的是必須出去並執行不同事項的個體。我知道他們一定是從別人那裡接到命令，或是聽從於某個知道這個更宏偉計畫的人。

S：我最初就是以為你是這個意思，這我已經回答過了。那是遠遠超過了我所知道的事，我甚至不知道要怎樣讓你瞭解。

朵：那麼，集體意識比較像是一個靈（魂）。（**是的。**）它無法具體顯化成事物。

S：可以，意識可以具體顯化成事物。

朵：它可以顯化生命？（可以。）在什麼時候，初始階段嗎？

S：事實上，任何階段都可以。只是它通常不是這樣做的，不是這麼隨機。我說「它」，但它不是「它」。意識隨時都能顯化事物，即時且不費吹灰之力。你們沒有意識到在你們運作的意識層面之下還有一股意識的力量，但這是事實。你們就像是嬰兒，才剛開始緩慢前行，進入你們意識的那部分覺察領域。如果意識想要具體顯化出一個星球，上面居住著許多人，它可以做到。它只是不會這麼做。

朵：我想你指的是我們信念系統中所認為的神。

S：那可能是真實的，但它不只是個信念。它是個顯化。相信確實會使它成真。但不論你們相信與否，意識都存在。如果你們無法相信，那只是你們認識它的能力減低了。

朵：所以生命可以透過這個意識產生，也能透過其他個體的操作？

S：是的。而那會是比較適當的方式。你瞧，意識不單是在外頭顯化。它從來不停止。意識不會回收／撤回。當它向外顯化，它就會永遠持續。所以意識多少會對隨機創造出另一個星球，然後丟許多人在上面有所謹慎，畢竟它無法讓他們「消失」。它可以收回自己以及自己對那個星球的專注，但它已經顯化的事物會有自己的意識，而且會一直、一直持續下去。所以較高意識不會這麼思慮不周、沒有規律或不負責的做這樣的事。它會創造喜悅、舒適、愛，以及所有我們認為正面的事物。它不會做那種讓某整個星球都不曉得接下來該怎麼辦的事。

另一位個案用不同的方式描述圖書館。

S：我在一個類似……我可以找到最接近的概念是圖書館。它不在我剛剛才離開的那個靈魂／靈性層面。如果你想的話，我可以向你描述這間圖書館。它的卡片目錄好到不能再好。這間圖書館本身並沒有藏書，但它有知識的核心。知識在它自己的空間飄浮，一個個如光點般明亮閃耀。它們環繞著你，你被這些一點一點的知識包圍著。當你決定要學哪種知識，那些知識的能量就會被你吸引過去。你看著這些光朝你靠近，它們可以說是停在你的頭上，只是我們的肉體並不在這裡。你能夠從這些光裡吸收知識。

朵：這會比閱讀一本書要快得多。它跟我想像中有書放在書架上的圖書館並不一樣。

S：對，但圖書館是我所能找到最接近的概念。它擁有所有的知識。只是這跟我與它的連結能力有關。你在這個地方不會有任何限制，如果有限制，那也是因為我才受限。我可以找到我們要找的資訊，但我描述的方式能幫助你理解嗎？這就是限制。知識全都在這裡，閃亮耀眼，準備好被學習。如果答案是在別的地方，我就把自己投射到那裡。這不會是問題。

她醒來後仍對圖書館有著鮮明的印象，想對它的外觀補充說明。

S：那個圖書館層面像一個巨大球體狀的能量場域。球體裡面就是圖書館層。球體不是為了阻止任何人進入。它只是要讓資訊有條理地在這個區域裡。我猜你可以稱它是一種磁性索引系統，它會吸引資訊過去，然後快速移動，使資訊歸到正確位置。當你使用這間圖書館的時候，你的意識或什麼的會是在正中央飄浮，然後每一點資訊都在不同形狀的光裡，在周遭飄浮著，有時淚滴狀，有時圓形，或很像聖誕樹的裝飾。它們全都閃爍著不同的顏色。不知道為什麼，光的形狀、顏色，還有它發亮的方式，會告訴你的意識它是哪一種資訊。

朵：我很好奇它們的差別在哪裡？

S：我猜就像是動物主題的書和政府部門的程序書等等諸如此類的東西。就是不同的主題。我有種感覺，如果你心裡沒有特別想知道什麼，那麼其中一個形狀就會觸發些什麼。但如果你有想找的資料，那麼具有那個資訊的光就會靠過來，像是跟你融合在一起。然後當它離開時，你就已經從它那裡瞭解了資料。我感覺自己因此得到許多新知識。

朵：我想你的潛意識會把它渴望的資料吸引過來。

S：我想是吧。因為背景是深藍色，所以那些光真的很明顯很耀眼。

朵：你是怎麼進入那個球體的？

S：用想的把自己想進去。

朵：就直接從牆壁或什麼的走進去？

S：是啊。我有個感覺，你只要想著：「我現在想要在圖書館裡。」然後當你睜開眼的時候，你就在那裡了。那裡很美。圖書館是給所有靈魂存有使用。而那些在物質實相層面能夠接觸到這個圖書館的人也可以取得知識。

這就是我最喜歡搜尋知識的地方，就像我很享受在阿肯色大學的圖書館研究一樣。能夠一整天都待在知識的殿堂，對我來說絕對是如魚得水。每當把個案帶到靈界，我都有很多不同主題的問題想問。自開始調查幽浮事件以後，我就利用機會在靈界的圖書館尋找跟幽浮和綁架事件有關的資料。我後來把這些資料跟催眠所得的資料比較，我發現不僅沒有矛盾，反而很相似，而且為我們想瞭解的現象提供了額外的內容。以下的這些資料，有些是在一九八五、八六、八七年相繼傳遞過來，當時我還只是在好奇階段，尚未展開實際的調查。

一位女性個案到了圖書館後，在那裡觀察外太空。這似乎是詢問有關外星人和幽浮的最好時機。

S：我現在正在看這個銀河系。圖書館的這區有全像式的效果，所以我覺得自己就像是在星群裡。我在冥想，冥想時我凝視著這些星星。我也一直在看著許多不同的星球和那裡的生命。

朵：你能告訴我當你看著銀河系時你看到什麼嗎？

S：哦，我看到地球。地球就像顆綠寶石。還有其他恆星也有像地球一樣的行星。其中有的有生命，有的沒有。生命在不同的發展階段。

朵：你能看到我們這個太陽系裡的其他行星嗎？

S：可以。有十顆。九顆是你們已經知道的，水星、金星、地球、火星、木星、土星、天王星、海王星、冥王星。科學家假設的那顆星球是在冥王星後面。它就在那裡。科學家已經給了它一個名字，但這個載具覺得很難發音。我不確定我能發出那個音。這個行星很遠，然而太陽仍是它的軌道中心。太陽看起來對它就只是一顆明亮的星星，因為太遠了。…它沒有從太陽接收熱，但它確實繞太陽運行，所以會被視為這個太陽系裡的行星。

朵：我想問些跟我們稱為幽浮和飛碟有關的問題。

S：星際旅行工具，好的。

朵：那是比較正確的詞彙。

S：我知道你要談的這個現象的概念。幽浮有很多種類型。它們有同樣的基本形狀，這是因為有個銀河文明透過「時間扭曲」，能夠以快過光速的速度旅行，而交通工具必須是這個基本形狀，才能撐得過這個旅程，不過還是會有些細節上的不同，這是因為他們來自那個銀河文明裡的不同國家。不同的幽浮來到地球有不同的原因。其中一批，最古老的一批，他們一直在注意地球的發展。你們可以說地球一直是他們最得意的計畫。而這個特定的國家——我要這麼稱——他們是思想家和實驗者的國家。他們想知道，如果他們在這個星球歷史中一段可塑性很高的時期做了某特定行為，結果是否會一如他們的預測。

朵：什麼行為？

S：就是從地球還沒有生命的時候就開始溫和干預的一種穩定模式。地球就像是個能生育的子宮，生命在這裡發展，他們則藉由在地球上播種原始生命（proto-life）來加速這個過程。這樣一來，他們可以控制生命的發展，看它會往哪個方向走，而非讓地球自行發展它的自然生命。你可以稱這些人是古代人。他們始終注意著地球，追蹤事物的發展。他們偶爾會給些助力，讓生命持續往他們要的方向發展。這個銀河裡的其他文明也為了不同的原因派太空船來到地球。其中一個定期派五艘飛船，看看這裡是否已發展出類似的科技，地球人是否已準備好要加入銀河文明，或至少跟這個偉大文明的一些成員有開放的貿易。有一個文明顯然心態比較多疑，派出的太空船只探索軍事設施，好確定我們的武器發展、軍隊和科技探索不會傷害到宇宙的其它地區。還有另一種類型的太空船來到地球，我說「類型」，不過這些工具基本上都很像。我要說的是幾個不一樣的，他們主要來自不同的地方。有一種太空船來地球只是出於好奇。他們一直想瞭解每個人的一切。他們從地球跟太陽的距離就知道地球可以支持生命的發展。他們觀察地球，發現這裡確實有生命，但他們看到在政治和宗教架構下所發生的事，他們知道直接跟這個星球上的生命接觸並不是好主意。主要是在於情況棘手，還有總是接近爆發邊緣的暴力。他們一直在注意人類，因為他們想與人類接觸。他們覺得兩個文明可以聯手建造出很偉大的事物，發展成一股銀河力量。他們看到我們很努力地在發展，只是還沒有準備好。適當的時機尚未來臨，所以他們還在等待。他們會試驗性地進行接觸，看看人類發展得如何。他們在不同的時期來到地球，偽裝自己混進人群。他們藉著心靈能力能夠感知人類社會和心理發展的普遍趨勢。偶爾他們會對人類做生理檢驗，追蹤人類生命科學發展的程度，因為他們在自己的星球很重視這一方面。他們有個理論，認為一個種族的生命科學的進步程度，還有他們一般來說在飲食、醫療照護、健康和營養方面是如何照顧自己，都會跟科技發展的程度類似。

朵：他們不是唯一來到地球的外星人，是嗎？

S：不是，不是。很多別的外星生命也一直在觀察地球，但他們是最密切的。他們是最容易跟我們最先接觸成功的外星生命之一。不過他們大多是被動觀察，並不怎麼常直接干預任何人類。以前是一百年一次，但近期地球的生命科學快速發展，他們才比較常介入。他們覺得離順利接觸人類並分享他們科技的時機已經越來越接近。這些是會旅行到你們星球的幽浮團體。他們是有肉身的類型，因為我覺得你問的資料是那些次元跟你們緊密重疊的太空船。他們的次元跟你們的次元非常靠近，所以你們要感知到他們並沒有困難。有好些個、好些個幽浮是你們永遠感知不到的，純粹是因為他們的次元跟你們的次元重疊得不夠。而這些幽浮的長、寬、高次元跟你們的感知密切對應，但他們時間的次元跟你們的不同。於是，從你們的觀點來看，(和它們有關的)時間似乎被扭曲了。由於時間的扭曲，這些幽浮看起來以非常快速和敏捷的方式行進。同時，當人類跟他們有近距離的接觸時，都會因為時間被扭曲，而感覺時間像是被無限地延伸。

朵：這類太空船是來自哪裡？

S：很難說，因為銀河系有很努力的星際社群，它們可以來自好幾個不同的地區，要看他們是為什麼來你們的星球。他們全都知道彼此的存在。他們之間也經常有密切的接觸，看是什麼團體／族群。有一個是來自銀河系的另一個旋臂，要經過相當長程的旅行才到得了地球。他們對地球有很大的興趣，因為早在千萬年前他們就在地球留下早期的殖民地。因此，就某個意義而言，人類是他們的後裔。對地球有興趣的族群有好幾個。不過，要知道，地球不是他們唯一感興趣的星球。好幾個不同的族群因為不同的原因對不同行星的發展有興趣，這要看那些星球正在經歷什麼發展階段而定。所以很自然地，對地球發展有興趣的族群就會是最常跟你們接觸的外星人。其中有些族群聯合起來在這個區域的空間放置了暫時的隔離區，給地球一段自行發展的時間。原因是人類正處於一個關鍵階段。以宇宙時間來看，不過是一眨眼之前，人類已進入核子時代，而這對任何文化都是關鍵時期。此刻，他們知道自己不敢干預，否則一切可能瓦解以至於毀滅。他們必須不採取行動地等待，看看一個新認識核動力的種族會如何應付和處理這個議題。如果處理得當，隔離便會消除，他們將開始派遣技術顧問來指導這個星球和人類，幫助你們做好加入銀河社群的準備。顧問將被派來激發新的想法、回答疑問，並對科學家說明他們以為不可能研究的一些領域，因為目前制定的科學法則就是什麼事情都有可能。人類要融入銀河社群的主要方式，是成為接近和接觸新宇宙，還有這些新宇宙裡的銀河社群的主要角色。因為人類有學習和理解新宇宙所必要的探究心靈，也有不受到新宇宙過度或不適當影響的力量。

朵：所以，可以說有一個較高的力量在看顧著這一切。

S：比較古老的力量。力量越古老，他們在銀河種族的階級越高。

朵：我們對外星人綁架人類並帶上太空船的報告很有興趣。圖書館裡有任何關於這類外星人的資料嗎？

S：有。在無數個世紀以前，他們乘著太空船來到地球。我稱他們為古代人，或Old Ones。他們對地球「播種」，好讓智能生物在這裡發展。他們也因此回來收集樣本，看看他們的「計畫」變得如何。他們在觀察情況的發展，因為他們想透過「間或的協助發展」的方式，在這個宇宙創造更多有智能的生命。他們覺得能做到這點的最好方法，是從地球上比較聰明的物種之一得到資料，而那就是人類。

朵：你可以告訴我一些古代人的事嗎？你說他們在地球有生命以前就在了？

S：對。當地球還處於她很初始的階段，他們的科技就已經發展到銀河等級了。因為地球當時有極端氣候的問題，他們必須對地球工作。他們幫助地球平衡氣候，好讓生命能夠發展。偶爾，地球又會失去平衡，他們必須再幫她恢復平衡。過去的冰河世紀就是因為這樣子來的。

朵：你的意思是他們積極的介入氣候？(是的。)他們也積極涉入物種的事嗎？

S：是的，他們有進行基因操作。當物種開始發展之後，你必須試著加快發展的過程。

我在《地球守護者》已發現這點，但只要有機會，我總是喜歡透過其他的個案確認這些理論。

S：那是現代人之所以發展得這麼快速的一個原因。他們發現這種類人猿動物（猿猴），看到了基因的潛力和更大的腦容量。他們看到手指的靈巧，知道牠們會很容易發展出工具和技術。這種手指對於技術在早期的發展很重要。於是他們開始操作，而第一件事便是改變骨骼結構，讓手能自由地製作工具。在手能自由且習於製作工具之後，他們開始致力於提高腦容量，讓人類能夠發展出他們現在有能力操作的技術。接著，他們開始密集地操作基因，在不危及這個種族的情況下，儘可能加速這個過程。他們在一個實驗室型態的地方做這件事，但他們也讓人類在他自己的自然環境中發展。他們取了人類的精子和卵子，在實驗室裡操作基因，再回來以人工受精的方式讓女性受孕。他們從以前到現在一直在做這件事，古代的歷史將他們記錄成天使之類的訪客。

朵：在生命到達這個階段以前呢？當生命還在非常初始的細胞階段？他們那時候有做什麼嗎？

S：噢，有的，從頭到尾，各個階段，他們都在協助生命往可行、可生存的方向前進。

我當作什麼都不知道似地問問題，然而我是再一次地檢驗我已經得到的資料。如果好幾位個案都提供同類型的資訊，而且沒有矛盾，那麼資訊就更加正確可靠。

朵：你能告訴我他們開始進行時的資料嗎？

S：當單細胞動物出現時，他們促使它們增生成好幾種不同的類型，以便營造出平衡的生態。每當某種單細胞動物顯示出試圖凝集一起，成為多細胞組織的時候，他們會促使它發生，於是單細胞動物逐漸發展成多細胞生物之類的生命。他們一直在促進這件事，不是很激進，而是溫和地確定生命持續往正面、有效的方向發展。因為他們觀察過許多星球上的生命都是從單細胞階段發展，雖然單細胞會開始粘結成一團，卻總是不成功，於是又分開成只是單細胞動物，然後過了一陣子，單細胞動物開始相繼死亡，星球再次是沒有生命的狀態。

朵：他們那時候也有操作基因嗎？

S：那時比較像是選擇性育種。鼓勵最好的細胞，繁殖最有潛力的生命。很像你們選最好的動物育種，比如說，繁殖馬並培育牠們發展出特定的特性。

朵：那麼他們會讓其他沒有發展正確的動物絕種。

S：對。他們對那些在演化路上走到盡頭的動物不會採取什麼行動。他們讓牠們自己死亡。地球令他們興奮的事情之一，就在於這裡的分子和化學物質的豐富種類可以結合出無限的變化。當他們處理氣候時，他們讓氣候的狀況有利於這些不同的複合物結合成複雜的生命形式。在這個時候他們便開始積極地——干預不是正確的字——積極地參與。他們也協助這些複雜的形式結合成更複雜的生命。他們當時必須做很多精細的化學工程。然後生命逐漸發展成……首先是病毒之類的微生物，繼而發展為單細胞動物。

朵：你是說像阿米巴原蟲之類的嗎？

S：它們先發展成病毒。就如你們所知，病毒在液態的媒介下，在水裡的時候，它可以像生物一樣運作。當你把它從水裡取出，它會乾掉成為晶體，然後就不動了。這有點是中間體的型態。之後它便發展成更大的單細胞動物。

朵：然後這些單細胞動物透過自然的演化過程開始改變？

S：對，他們運用自然的演化過程，但不斷推動牠們進入確定的路線，這樣才能持續發展成較複雜的有機體而不致解體。因此這就很像是在照料一個水耕園地一樣。

朵：他們在進行這些的時候，一直都待在地球上嗎？

S：他們就是從那個時候，開始在月球上的，所以也算是在這裡。由於他們仍然在處理地球的氣候，所以儘可能遠離地球比較安全。但他們必須在生命形式還是在海裡時採集樣本，看看它們發展得如何，並以此來調整化學作用。他們在進行這些的時候，一直都在附近密切觀察。

朵：那一定用了非常非常多的時間。

S：是的，這是個長程計畫。

朵：所以他們多少是以這裡為基地，持續地來來回回。旅行到其他星球尋找適合的生命是古代種族平時在做的事嗎？

S：不，這只是他們做的其中一件事。他們有幾個主要的計畫，但是這個最直接影響到我們。他們做這個是因為他們自己最初開始時，有個種族一直在幫助他們。然而，到他們成為銀河的一股力量時，那個種族已經絕跡了。就文明而言，這個古代種族非常先進和古老。他們之所以一直努力幫助別的種族，原因之一是要協助這個銀河系成為一個平衡的社群，並且有能力與其他的銀河系互動，最後並與其他宇宙互動。

朵：當他們在操作基因和發展物種的時候，有沒有出過什麼錯，發生過問題？

S：有。他們偶爾會看到某個特定分支發展的方式不如預期，並且衍生出問題。或是它沒有照應有的方式發展。這時候他們會試著操作基因，或如果錯得太嚴重，他們會不再管那個物種，讓它走完它正常的演化過程。他們不會干預，但也不會主動滅除它們。

朵：古代種族現在仍然積極透過基因操作來改變人類嗎？

S：是的。他們現在做的事主要是要延長我們的壽命，幫助人體普遍變得更健康和強壯。他們也在協助醫療專業人員，讓他們較容易有新的發現。他們是透過心靈提供想法。

朵：我被告知現在是人類知道自己種族的起源和一切是如何開始的時候了。

S：是的。你們的科學家建立了演化的理論。他們是在正確的軌道上。他們只是不知道所有的事實，也不知道所有參與其中的影響力。

朵：沒有外星人的干預，生命難道不會自行演化？

S：這個觀點充滿變數。生命有可能會自發性地演化，但會花上更久的時間，而且一開始可能會有很多錯誤。有些生命會演化，然後滅絕。然後一切又要從頭來過。直到正確的組合開始發展。

朵：如果沒有干預，你認為我們最後是否會演化到人類的階段？

S：也許最後還是會，但所花的時間會多出上萬倍。

朵：那麼在其他的星球有一些原生生物，而且沒有被干預嗎？

S：當然。一個星球上的生命對那個星球來說，都是原生物種，只是環境被當成像溫室一樣。當你把植物，比方說把番茄種在外面，它會發育、成長，然後結出果實。你把它放進溫室，它也會成長、發育和結番茄。只是速度更快。

朵：你認為如果沒有針對基因的直接操作，我們有可能發展成為現在這樣的智能生物嗎？

S：這是很有疑問的。是有這個潛能，至於是否是自發性、自動的觸發卻是完全不同的事。但他們認為有這個潛能，因此確保它立刻就被觸發。

朵：你認為基因操作在宇宙很常發生嗎？

S：我很確定是的。當然，如果這裡有生命，這證明生命在時間的某個點自發性地發展，並且發展到了他們（指外星人）可以開始操作其他生命發展的先進階段。所以生命確實會自發性地發展。他們看到很多地方的生命都發展得很好，他們並不需要干預。或者是因為他們還有更迫切的計畫要做，譬如地球或諸如此類的。於是他們只是持續注意那些地方，確定沒有因為發生什麼狀況而毀了那裡的生命。

朵：那麼過去生命一定曾經自發性地發生過。

S：噢，是的，發生過好幾次。否則生命最初是從哪裡開始的呢？它一定是從某個地方開始的。

朵：觀察我們的外星人裡頭，有沒有任何一個是來自我們這個太陽系？

S：不是直接來自太陽系。有些看守者在這個太陽系有基地，他們是從基地過來的。他們在基地有輪班人員，但你不能說他們是來自這個太陽系。他們來自銀河系的另一個地區，只是在這裡工作。他們有些喜歡把基地建立在較大行星的較大衛星上面，特別是木星和土星的衛星，因為距離太陽夠近，可以有足夠的太陽能來運作他們的科技和機器，而且距離也方便觀察地球，但又遠到不會被他們所謂地球人「剛萌芽」的技術發現。

寫到這，我想到一九八〇年代早期的一次催眠。個案看到自己身在一處不毛之地，似乎是在別的星球上。他和其他人還有一些機器在洞穴裡，他們在談論我們，也就是地球人，說他們在觀察我們。當時這聽起來很怪，但現在我懷疑個案在催眠中看到的也許是其中一個基地。

朵：那我們的**月亮**呢？

S：他們一直以我們的月亮為基地，直到二十世紀。那是個理想的地點。他們就在我們上面，所以，打個比方，他們不用下床就能觀察我們。他們把自動機器留在那裡。他們設置了自動信標和自動觀察設備，當他們想觀察得仔細一點時，他們可以調頻到他們的機器。他們偶爾會來保養和維修，但不會留下任何人員，因為人類正在積極探索月球，他們還不想與人類直接接觸。

朵：我們的人有機會找到這個設備嗎？

S：不見得。月亮挺大的，而且已經探索到的部分還很少。他們有能量保護罩可以偏移人類儀器的能量，所以當他們觀察人類的時候，不會被我們發現。

朵：那麼透過望遠鏡也不能看到什麼？

S：一般來說不能。有一個探測器差點發現那個設備，但設備的主人及時發現，對探測器做了點什麼，於是科學家只解讀成是瞬間光點或暫時的波動。

朵：暫時性的功能失常之類的。所以他們的基地大多是在別的行星上。

S：沒錯。在其他行星的衛星上。有時人類會透過望遠鏡看到這個太陽系的其他星球上頭有遺跡之類的東西。那些確實可被歸因於過去的觀察者和他們廢棄的古老觀察站。

朵：地球上有他們的基地嗎？

S：不是大的設施。地球的偏遠地區有一些你們會稱為中途站的地方，當他們派人在地球觀察時便會用上。那不是為了要跟人類接觸，只是觀察人類，蒐集他們的心靈感受。他們會先到這個中途站，在那裡住一小段時間，習慣氣候、重力和空氣等等。這樣當他們進入人類當中，就能表現得更像人類。如果他們要某些人留下來長期觀察，他們會把他們偽裝成醫生，或某個在觀察人類的過程中，有能力積極助人的角色。

朵：但這些基地會是在孤立偏遠的地方嗎？

S：一般來說是的。它們通常在山區；較為偏遠而且氣候不會太惡劣的地方。因為他們要適應的是正常的氣候，如果是在氣候嚴酷的地方就不符中途站的目的。他們要中途站在氣候溫和，甚至接近正常的地方，所以會是在山區，在山與山之間的山谷，有很多綠色植物和氣候溫和的地方。

朵：這些外星人和太空船除了來自別的行星，還有沒有從別的地方來的？

S：你的意思是什麼？他們只來自行星。他們全生活在行星上。

朵：他們都生活在物質的、三次元的行星上？

S：是的。不一定是和我們同樣所在的三次元，但都是三次元的行星。對生活在那些行星上的人來說，一切都是實體的。他們習慣了那個特定的三次元。

朵：我想我原先想的是第四次元。

S：這些行星有的跟第四、五和第六，或第十二、十三和十四次元有關。但那些是不同組（set）的各種次元，因為次元有無限多。而這些行星除了散佈在不同的銀河，也散佈在不同的次元之間，為的是使一切保持平衡，不至於太過擁擠。

朵：我也聽說他們來自於不同的存在層面。這指的是同樣的嗎？（是的。）我們以為這些太空船和船上的人只是來自附近的銀河和類似我們的行星。

S：不是的。那是宇宙空間的距離似乎如此遼闊的原因之一。因為在這一組的次元裡，什麼都沒有，但在其他次元的其他組裡卻有生命。

朵：所以這並不是一個空盪盪的空間。

S：沒錯。只是從（你們）這些次元無法感知到。

朵：但如果有人經過這些次元，他們會知道它們是實體的嗎？即使從地球上看不到東西？

S：它們不可能被感知到，因為它們不在這些次元裡。

朵：如果我不能領會全部的資訊，我能做的就是把這些寫下來，讓能夠理解的人理解。

S：那些教育程度較高，較知識化的人可能會較難理解，他們更固守於自己的想法。

我想讓對話回到我比較能夠理解的事情，而不是聚焦在這些複雜到令我頭疼的概念。這些概念讓我覺得我可憐的腦袋瓜像是被扭來扭去的麻花卷。

這類概念及理論會繼續在《迴旋宇宙》系列進一步探討。現在只要提到我們周圍有無數的世界，但它們對我們來說是隱形的，這是因為他們在不同的頻率振動，這樣應該就夠了。那些世界的居民認知他們周遭的環境是實體的，而且不知道我們的存在，就像我們沒察覺到他們的存在一樣。然而有些精通太空旅行的外星人已經知道要如何加速或放緩自身的振動，因此可以在不同的次元中來來去去。

朵：說到我們的太陽系，你能告訴我有關小行星帶的事嗎？

S：可以。當各行星還在發展的時候，那裡原本有個行星。當時木星幾乎就要發展成太陽，成為圍繞著太陽轉動的雙恆星之一。木星本來會是比較小的太陽。由於來自木星和另一顆很接近的較大行星——土星的強大重力，使得位於木星和火星之間的行星無法承受。它一方面被拉往繞太陽旋轉，同時又被木星牽引去繞著木星轉。這些力量迫使那顆星球破裂成碎片。

朵：木星是很大的行星，重力太大了。為什麼它沒有繼續發展成另一個恆星？

S：它還沒有大到可以啓動必要的核反應（譯注：指核融合）。一旦核反應被啓動，它大概就能自己持續下去，不過它還沒有足夠的質量去啓動核反應而成為一顆恆星。古代種族（古代人）可以啓動核反應，但他們覺得這個太陽系沒有必要有兩個太陽。他們覺得這對在地球發展的新生命會有不利的影響。

朵：對，這樣的話，我們的兩邊會各有一顆太陽。我很好奇那會造成什麼效應？那會讓我們更熱，不是嗎？

S：不會，但有更多輻射。

朵：木星有形成衛星，所以它確實有引力可以把東西拉向自己。

S：是的，以它有的衛星數量來說，它幾乎就像個迷你的太陽系。（譯注：木星是太陽系中擁有最多天然衛星的行星，目前已被發現的木星衛星共六十七顆，數字可能還會上修。）古代種族決定把這個決定交給人類。他們知道，等人類發展到銀河等級，人類將能觸發木星成為另一個較小的太陽。雖然木星一直被認為是行星，它仍然是在可以被觸發（成太陽）的階段。但古代種族認為他們要把這件事交由在地球上發展的主要生物去決定。

朵：做這件事的原因（指啓動木星為另一個太陽）會是什麼呢？

S：為了更多的居住空間。我們可以在木星的衛星上發展太空殖民地。

當我們進入了圖書館，我們就能獲得許多知識。

以上的摘錄只是小部分實例。

第七章　外星人說話了

我第一次與蘇珊合作是在一九八六年的十月。她因為被好幾種過敏困擾，我們試圖從前世尋找她的問題根源。她是個出色的個案，立刻便進入深度的出神狀態。療程非常成功，我們探索了好幾個前世，所得的資料也證明很有幫助。她的氣喘問題可以回溯到某段她因肺炎過世的前世；那世她死的時候還是個孩子。在現在這一世，凡是會干擾到她呼吸的東西，都會引發潛意識對死亡的恐懼並誘發氣喘發作。

當接下來的療程出現外太空的外星人時，我們都很驚訝，因為那絕對不是我們在找的資料。蘇珊從來沒有目擊幽浮的經驗，她沒做過這類的夢，對幽浮也沒有任何興趣。她完全沒預料會找出這些資訊，然而她卻成了我跟外星人直接接觸的管道，外星人開始直接對我說話。事情自然而然就這樣發生了，而且建立了一個持續且帶來驚人結果的模式。

當時，我們就快完成一段發生在一九三〇年代的英格蘭前世回溯。她在那一世死亡之後，我引導她到「另一邊」（靈界）尋找死後世界的資料。只要遇到能進入深度催眠的理想個案，我都會這麼做。我試著收集不同主題的資訊，日後再合併比較，確認真實度。因此，當我要求她描述在死後看到什麼的時候，我心中對她會說些什麼已有些想法。一開始，她的聲音顯得懶洋洋，話說得很慢。

朵：你在那裡有沒有看到什麼？或是有沒有什麼可以看的？

蘇：（停頓）嗯，我看到……一個電腦部門。

我很驚訝，這跟我基於其他個案所見到的畫面而期待的回答完全不同。那些個案的許多報告都合併在《生死之間》這本書裡說明。

朵：電腦部門？

蘇：這裡有些生物。他們好像在監看著什麼。他們有控制鍵和開關，坐在椅子上盯著東西瞧。我看不清楚他們在監控什麼。這裡有很多東西，地圖和……現在我在所有東西的上方。地球。我看到各大洲。他們在監測海裡和各大洲發生的事。他們在觀察。他們知道得比較多。我在學習。他們讓我看。他們這麼做是因為有另一個力量在指導，他們是那個力量的使者。他們做這些是為了幫助人類。

我以為她看到的可能是靈界的電腦室；我之前不被允許進入的房間。因為每個人的人生的所有組成要素都收集在那裡，每個人轉世來生的細節也都是在那裡研究，所以有所限制。既然我已經引導蘇珊到了靈界（或所謂的「死亡」），我試著把她的回答跟我已知的事情做個比較。

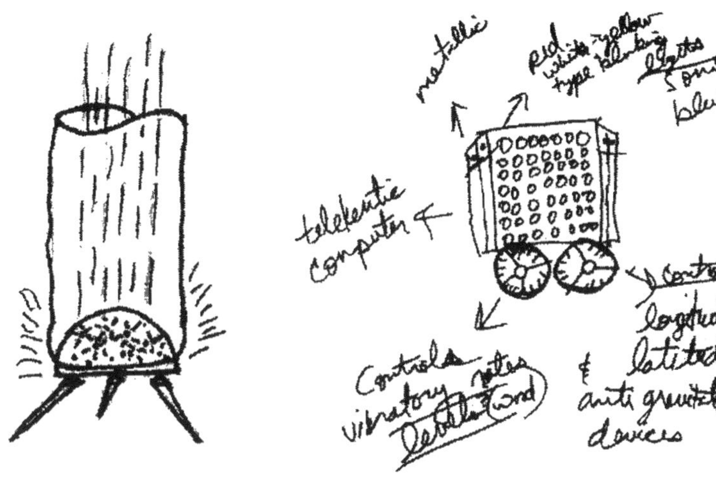

球形物體和控制板

蘇：他們的理解力比較強。在這些層次，知識和科技比較先進。許多高階的理解正在發生。

朵：你能看到他們的樣子嗎？

蘇：他們穿白色的衣服。看起來全身都是白的。頭圓圓的，看起來比較矮小，像是宇宙人。他們的眼睛比較大。他們坐在椅子上，動轉盤和開關。他們有一扇往外看的大窗子。窗子環繞成一圈。中間有個球型物體的構造。

半球體的底部邊緣是平的。看起來是用幾支腳撐在地板上。透明的，裡面有發光的水晶像是在移動。閃亮的極小水晶不停在動。長長的管狀物從天花板垂下，包圍住球體的上半部。管狀物是透明的固體。光線（？）透過管狀物往下照射。這和太空船的推進力有關，同時也控制隱形裝置。當蘇珊說出這些話時，她自己也很驚訝。她不曉得這些話是打哪裡來的。這個裝置位於太空船的中心。

朵：那麼這是一艘實體的飛行器？

蘇：它可以被看到，也可以隱形。要看他們的主要任務是什麼，要監控什麼。結晶的球體提供這艘飛行器推進的能量，也控制著這艘飛行器的反重力裝置。

朵：你說他們允許你看這些？允許你看他們在做什麼是很不尋常的事嗎？

蘇：（呆板的語氣）我們以前接觸過。他們以前就監控過我，探測過我。他們並不介意，因為我是他們的兄弟，又是為和平而來。他們想要得到像我這樣的生命體的協助。

朵：他們會在意我知道這些事嗎？

蘇：不會。現在不會。他們想要資訊被解譯。

朵：他們願意和我分享資訊嗎？

蘇：願意。已經開始了。他們會使用我來通訊。

朵：我想得到資訊。我要他們瞭解，我只會把資訊用在好的方面。他們知道嗎？

蘇：知道。資訊只提供給能加以利用的個體，能以有效益的方式應用的人，否則的話資訊就沒有用處。

朵：他們瞭解我想怎麼使用嗎？

蘇：他們很能心靈感應。（語氣柔和）他們在進行接觸。（她的聲音變了，聽起來很機械化，再次像個機器人。）我們正在掃瞄。

在停頓之後，我感覺自己被掃瞄了。我全身感到刺痛，尤其是頭部。我不認為那是我的心理暗示，因為我完全不曉得要期待什麼。那感覺絕對是身體上的，而且毫無預期。雖然這很令人不安，我試著保持鎮靜，好讓他們能對我有個清楚的印象，儘管我並不認為這會造成什麼差別。我覺得他們能看到我的存在核心，沒有什麼可以隱藏或是造假的。

他們大概可以比我還更清楚地看到我自己和我的動機。

蘇：有些現象必須解釋得更清楚。而你是資訊的橋樑。你有書寫的能力。這是必要的。

朵：寫下來就能傳達給其他人。

蘇：我看到一個外星人。全白的身體。矮小。長長、瘦瘦的手臂。大頭。大大的深色眼睛。我現在看到他的全身了。他的腿。不過我沒看到他身上穿著衣服。他像是在看我。他在看我。

她能看到的飛行器那邊有道彎牆。有些外星人坐在螢幕、旋鈕和控制鍵前的椅子上，但除了那一位，其他人都沒有在注意她。她不知道那個外星人在船上的位階。他用心電感應與她溝通。她後來解釋，那些外星生命是光頭，可是他們的眼睛和《交流》的封面並不一樣，不是那麼歪斜。他們的身體類似電影《第三類接觸》（*Closer Encounters of the Third kind*）裡的模樣，不過不像孩童。他們的四肢比較結實、粗壯，較不靈活。

朵：他願意和我們分享資訊嗎？

蘇：他想透過我傳遞訊息。

朵：你自己覺得呢？

蘇：我很樂意（笑聲）。

這種話一般來說會令催眠師緊張，對於要怎麼進行下去可能沒有把握。但我當時正在進行諾斯特拉達姆斯的資料，早已習慣和沒有肉身的存在體說話。個案的福祉永遠是我主要的顧慮。只要確保了這點，我的好奇心便會接手，我會有好多的問題。我也發現，確保互動最簡單的方式就是開始問問題。

朵：我對他很好奇。這是什麼地方？

蘇：這是一艘太空船。

朵：我們在哪個房間？

蘇：這裡只有一個房間。——他現在在試著跟我的能量融合。他在試著整合。（一連串長而深的呼吸。然後出現一個比較低沉的聲音。）請等一下。

朵：什麼？（我嚇了一跳。那不是蘇珊的聲音。）

蘇：請等一下。

朵：好。但記得我們要保護她。

蘇：是的。沒有傷害。沒有傷害。（更多深沉的吐氣，然後是一個機械化的聲音。）她必須暫時移除自己，好讓這個傳送能夠更完整。她在阻擋。我正在移除她的意識阻礙。她不習慣這類的經驗。這是阻礙的一部分。她不習慣有意識地將自己從這個載具上移除。

朵：這是很自然的。所以我們一開始必須慢慢來。

蘇：我正在幫她。這會花點時間，但是個開始。我可以透過她整合一部分，但必須要更完整才能有最正確的資料，不能有她的思想來合併和改變資料。你瞭解嗎？

朵：瞭解。所以我們才要小心，而且要慢慢來，這樣會更有效益。

我在扮演母雞的角色，試圖在蘇珊經歷這奇怪的體驗時保護她。

蘇：她必須習慣跟較高類型的振動整合。她的意願對這類型的指令和溝通是開放的。她不是在意願上阻擋，阻礙是比較實質面的。能量只習慣在一處。但它需要習慣在一個轉換的意識狀態，習慣意識在交替的狀態，當傳輸進行時，在那裡等待。你瞭解嗎？

朵：是的，我瞭解。

蘇：現在我可以給你部分資訊，不過我仍然在處理她的口語傳遞。還有心理圖像……她需要習慣這類型的傳輸。我現在仍然跟她的意識有較多的結合，但隨著時間，她將能夠為了暫時性的交流更完整地移除自己（的意識）。

朵：好的。我們有耐性。——你能給我看那個房間裡有些什麼，並說說它們的用途嗎？

蘇：現在很難傳達確實的詞彙。有些問題你可能稍後要再重複才會得到正確的措辭。但我會儘可能用她能夠描述的字。它們可能類似，但並不精確。

朵：語言和用詞永遠都很困難。

蘇：我們有一台電腦，我正在給她看，上面有很多燈。像是一塊四四方方的板子，上面佈滿了小小圓圓的燈。像塊遊戲板，也像她在想的線條、一排排的，上上下下，垂直，平行，完全覆蓋住正方形的銀板。燈全亮著。紅燈……藍……不同顏色的燈亮起時表示不同的意義。它們是由圓形的轉盤控制，轉到不同的位置就有不同的記號。這是我們船上的主要電腦類型。它有個名字，但我有困難傳達。她說了某個聽起來像「telekinetic board」的東西（telekinetic，是指以心靈／念力移動或操作物體）。聽起來很像，但不是正確的字。我們在試著傳達給她的是聽來像telekinetic的字。它有你們形容是線條的東西。有些線條長，有些短。沿著轉盤的外圍，線條與線條間的空間標記著緯度、經度、高度。這艘太空船要往哪裡移動就是由它們在控制。她只看到表面。我在儘可能給她更多的視覺影像。電腦外部是銀色的。它不是真的正方形，因為它是**內建**在太空船裡，所以她沒辦法看到……雖然她現在在視覺化。在那些小小的燈後面有很多線路，或你們打開微電腦時會看到的東西。你會看到許多電子類的銜接部分，許多電線，不過它們是用你們星球上找不到的材質做成的。這是非常複雜的系統。就我們所知，你們沒有這類的電腦。

朵：是哪裡不同？

蘇：它的材質和功用。它控制反重力——她接收不到正確的字——飛行器的操縱。你的星球上有人在實驗反重力的飛行器，但跟我們已發展出的層次不一樣。他們從墜毀在地球上的飛行器殘骸中得到了一些想法。我相信你們的空軍一直把這當成機密。知道的人很少，但他們已經在沒有適當材質的情況下，儘可能地複製部分碎片。他們目前只能做到這樣，但他們沒有速度。要做對這些事情，還有好多事需要進化。而且一定要用到特定材質才能創造出這些特定效果。這是我們選擇此時與人類溝通，幫助人類用更快的腳步演化和進步的原因之一。我們想幫助人類探索其他次元，更容易旅行到其他的次元和星球。我稍後會多說明那些複雜的……字彙……那個字。再次地，這不是我真正想說的意思。但我們會多說明技術層面的細節。她對電子類事物懂得的詞彙不夠多。這是為什麼我必須在能量上更完全地與她整合，因為這樣我才能比較詳細的傳達。她在這一世的意識不是很有機械這方面的知識。我知道你們種族的女性沒有這樣的傾向。這比較是人類中的男性或雄性的部分。能力是有，但不曾培養。所以如果我能更完整地透過她溝通，我就能給你更清楚的細節。我想你也會比較喜歡這樣。

朵：材料顯然非常重要。

蘇：是的。就像你們的社會會把特定金屬用在電子方面，做成電腦。譬如說，如果是用木頭，它就不會像用金屬類物質製成的電腦那麼好用。所以在你們稱為電腦和發電機的組成和運作方式裡，材質確實扮演重要的角色。有些東西可以在其他星球上取得，只要你們到得了那裡，不論是坐太空梭還是——在我看來那會是大規模先進運輸的第一步——當你們能在其他星球上收集到那些物質，我想你們會發現它們有很多用途，而這會讓人類社會的技術和科學更加進步。

朵：你認為我們在地球上找得到能夠複製部分製程的替代品嗎？

蘇：可以用煉金術的方式。以你們可能沒想到的方式將特定金屬混和。是的，除了目前為止的發現，還有更多可能性。

朵：那樣就會發展出全新的金屬嗎？

蘇：是的。它必須是用特定的方式，特定的溫度，特定的混和物完成。類似的物質可以被創造出來，但不是完全相同。你們必須利用你們現有的資源。

朵：我們也許快接近了。

蘇：是的，這是之所以會有這次交流的另一個原因——幫助人類得到些新發現。

朵：如果這個飛行器只有一個房間，它到底是多大呢？

蘇：(停頓，遲疑，像是不確定)再次地，她對估算尺寸方面能力不強。(笑聲)我想說……你們所謂的碼，直徑三千碼(譯注：一碼約0.91公尺)。大概在這個範圍裡。呃，三百，三千，呃，晚一點再問這個。(笑聲)我想如果她看到三百碼有多長，她會知道究竟是你們的三百還是三千碼。

朵：好，你能告訴她這艘飛行器的外表是什麼形狀嗎？

蘇：圓形的，頂部橢圓形。底部比頂部平一些，像是把一個碗倒過來。銀色，看起來像金屬。邊緣有窗户。飛行器裡有燈，那是在特定時候使用的。

朵：我想你已經告訴過我動力來源。它就在這個房間的中央？對嗎？

蘇：對。那個圓柱，像個水晶球體。它產生這艘飛行器的動力。它是在一個環狀、透明的圓管／圓軸裡。球體的上部分是個半圓形，像半顆球。

朵：我了解水晶的一些作用。我知道它們有很多用途。那是一顆大水晶嗎？

蘇：那是從另一個星球的結晶物質取出，再被雕塑成球體，就像你們可能用石英雕出一個水晶球一樣。它雖然不是透明的，無法看透，但裡面有東西，球形體裡有東西。它是能量的轉變器（**transmuter**）。

剛開始謄寫這卷錄音帶的時候，我以為她想說的是「發射器」（**transmitter**），但當我查閱定義時，我明白了這兩個字的差異。發射器發射東西，轉變器則是將某個東西從一個形式**改變**或轉化為另一個形式。

蘇：水晶裡看起來有不同顏色的光在閃爍。它不是完全透明的。換句話說，裡面有形狀和形體。有光。

朵：它是這艘飛行器上操作一切的主要動力來源嗎？

蘇：它是主要的動力來源。

朵：不是唯一的一個？

蘇：不是，電腦控制其他的動力來源，以防哪個動力受到任何損害的話，還有同樣數額的備用動力能源可以替代。所以我們通常都能回到我們出發的地方。飛行器墜毀是非常罕見的。墜毀通常是因為大氣的狀況。問題和飛行器沒多少關係，和大氣狀況加上錯誤比較有關。太空船上的某個外星存在體做了錯誤的設定。所以這兩者是有可能合併發生的。

朵：那麼你們的人是有可能出錯？

蘇：這也很少發生。我們不把它看作是你們會說的「錯誤」，然而總是有學習更多事物的空間。事情會發生，我們就在那時候針對情況做調整。

朵：換句話説，你們並不是不會出錯的。

蘇：對。這只是身為一個活生生的生命的正常過程，我們不會把它看作是個需要被懲罰的錯誤。你們人類似乎覺得錯誤出現時必須有罪惡感。有時還會加上懲罰來強化罪惡感，以避免錯誤再犯。我們不覺得有這個必要。每當發生你們所謂的「錯誤」時，我們就會自動補救修正。當事人知道事情已經發生。他們知道，而且更好的是能從中學習。這就夠了。我會説罪惡感和懲罰是地球人無法進步更快的主因之一。他們煩惱、擔心在這類事上，使得自己無法進步。這是個阻礙。當這些阻礙能夠移除，人們就更能追求他的夢。他能夠實現事情，讓事情更容易發生，因為他沒有妨礙自己的進展。大多數的疾病就是這樣來的。這個星球被同型態的強化包裹住了。孩子從年紀很小的時候就學到這些制約，這和限制有關。人類如果想要進步得更快，就必須學習克服限制，超越自己的極限。這樣的訓練從小時候開始會很有幫助，因為這些行為模式一旦建立就不容易去除。

朵：你的這艘飛行器能自己在太空旅行嗎？

蘇：你說「自己」是什麼意思？

朵：喔，我一直在想，因為它不是那麼大，它是來自另一個飛行器，還是它可以自行來回你們的母星？

蘇：現在我和她（這個載具）是在非常初步的狀態。我正在整合這個能量。我想更……誇張地，你們可能會說是更大膽地表達事情。但是，回到你的問題：我們必須要能回到我們要去的飛行器，以防飛行器發生問題，如果我們回不去，我們就會被困在這個大氣裡。我們的身體細胞並不適應這個星球和這裡的大氣。我們能夠短時間離開我們的太空船，但就算是短暫離開也要用上某類保護才行，這是因為這裡的細菌。它對我們來說是不相容的。在飛行器裡，我們把轉盤設到某個地點的振動，然後我們就會被送到那裡。就像是超越光速的大跳躍，後面跟著幾次短距離的跳躍。其他形態的存在體可能有不同的做法，但就我們這種生物而言，只要母星沒有因任何大氣狀況或其他什麼的毀於一旦，我們總是可以回得去母星。我們認為我們的想法很有智慧。

朵：是的，但我的印象是你們不一定都是這麼做。你剛提到去另一艘飛行器的事？

蘇：是有別的飛行器，你們可能會把它們想成是「母船」。我們是有更大的飛行器。不同的飛行器或太空船有不同的用途。較小的船通常是用來監控事物，較大的船比較是用來觀察或進行以心靈／精神感應的通訊。所以用哪種船要看目的而定。

朵：你可以告訴我你們的母星在哪裡嗎？這可能不太容易。

蘇：比你們稱的北極星還遠，但是是往那個方向。直直過去的第五顆星。（停頓）我想說“centra”。星球的名字聽來像是這個發音。……她接收的不是完全正確。“Centeria”？類似的音。噢，我想以後會表達得比較準確。

朵：它在我們這個銀河系嗎？

蘇：不是。呃…它超越這個銀河系好些光年。有些性質不同的銀河體系離你們還比較近。

朵：那麼你是來自另一個銀河，這麼說對嗎？

蘇：我好像有不是和是兩個答案。是也是不是。因為我們會去很多銀河。我們有母星，但我們不常在那裡。我們總是在旅行和探索，大部分的時間都在太空船上。我們把探索到的資訊傳回去，不會總是直接回母星。我們不用回去也能把資訊傳回去。

朵：是用心靈感應的方式傳送還是……？

蘇：部分是。我們的船上也設置了傳送裝置。有一個接收和傳送的儀器。在家鄉基地有一根細細的金屬桿，很像你們會想成是天線的東西。它是純粹為了我們的太空船架設的。資訊會到達這個東西，這根桿子，然後往下傳送，那裡的存在體會進行解碼，然後記錄到我們的……你們會稱為歷史書的東西裡。我們從宇宙不同生物身上所得到的科學資料也在那裡面。

朵：那根天線類的桿子是在母星上？（是的。）你們能夠傳送有形／具象的物質就像傳送訊息一樣到那麼遠的地方嗎？

蘇：不能。有些東西我們會在船上分析，然後送出資訊。我們在船上做研究所發現的資訊，大都是用文字或通訊的形式傳送。

朵：那麼你們實際上不必傳送實體的物質？

蘇：不必，幾乎沒有過。我們會傳送自己和太空船，但這情形也很少。我們能把我們的船維持在你們所謂的「地球空間」裡很長的時間。時間對我們而言跟你們所知的不同。我們輕而易舉就能穿越許多光年。我們已經在這個銀河系找到足夠的資源，維護和保養我們的太空船，維持太空船運作的能量，所以能量不會耗盡，不像這個星球上的許多東西都會消耗殆盡。我們的太空船所使用的材質可以維持很久。你們可能會用更耐久的說法或措辭。

朵：我有好多好多的問題。我想問問跟你們的身體有關的事。你們需要任何營養嗎？就是我們說的食物？

蘇：流質。我們攝取一種流質。環境會給我們維生的東西。我們船裡的空氣維持在特定的溫度、濃度（consistency），所以我們的肉體載具不致毀壞。我們沒有你們所稱的「變老」。我們停留在一個外形。當一個生命體如你們所知的「誕生」，它確實是從較小的形體開始，成熟之後就維持在那個形態。並沒有老年。我們可以透過心靈能力維持自己，像是用視覺化來保持年輕。類似這樣。我們幾乎天生就會這麼做。如果我們有人受傷了，或是進入了會造成任何形態惡化的大氣環境，不論是哪類型的傷害，我們有來自母星的一種特殊流質，只要吸收流質到身體，就能幫助修復。但它只用在這類緊急狀況。

朵：那麼你們不是一直都需要它來維持生命？

蘇：不用。太空船裡的大氣狀況設定在特定的氣溫和速率——我想不到正確的字。我們創造出特定的空氣，而它會維持我們的體能。我們之所以不能離開太空船很久的原因之一，就是外頭的空氣會使我們的健康惡化。

朵：空氣，你的意思是地球的大氣？(是的。)那麼你們不需要食物之類的東西，除了那個流質。那是用喝的嗎？

蘇：我想是用喝的，但也可以用注射的。不必一定是用喝的。我們真的不需要你們所知的食物。

朵：那麼流質不是從嘴裡喝進去的？

蘇：那可以是一種方式，不過比起用喝的，更常是注射到嘴裡。就像是你們給某個人——她現在在想的——像是靜脈注射之類的。放進一條管子，然後再透過管子把東西灌進去。你瞧，這是為什麼緊急時才用。我們的系統可以吸收母星上的一些植物生命，但不是必要。我們的系統或如你們所稱的「身體」，具有我們生存所需的一切，只要大氣對了就可以。你瞧，當一個人攝取食物是會有成長的效果，而這會在日後對人類外形產生老化的效應。這是為什麼我們能夠維持身體在同個大小的原因之一。因為我們沒有攝取會改變身體尺寸的食物。食物在以後會產生老化效應。

朵：這是個有趣的概念。那個流質是由什麼組成的，大致上？

蘇：並不是這個星球上找得到的東西，但或許有什麼我可以用來比較。她現在看到一個紅色液體的畫面，不過那不是血。比較像是維他命之類的物質。也許她現在想到紅色的維他命液。我想你可能會想到維他命B－12或B－6，但是是以液體注射到身體。濃度可能類似，像那類的東西，像維他命液，只是不一樣。

朵：我想知道如果你們發生了緊急狀況卻沒有這個流質，地球上有沒有你們可以用來取代的東西？

蘇：我們會試著回母星取得，不然也會儘量去另一艘可能有多餘流質的太空船拿。在必須回母星之前，我們通常會先找到另一艘太空船。

朵：那麼，就生存而言，看來最重要的是船裡的空氣。

蘇：是的，這對我們這種身體來說很重要。

朵：空氣必須維持穩定不變？

蘇：如我先前所說，我們可以短暫離開太空船。如果我們留下身體，只用能量的形式離開會比較容易。你瞭解嗎？我們可以比較容易地移動自己的能量投射而不被大氣條件所影響。這也是我們另一種保護自己的方式。

這或許可以解釋本書提到的那種纖細微弱、非實質存在體的例子。

朵：這樣一來你們就不會傷害到身體。

蘇：對，如果是用身體形式離開太空船，我們必須維持在一種心理狀態。我們要設定自己維持在恆常的空氣狀況，不被影響。但我們無法永遠維持在那個思維模式。我們必須再次改變。這是為什麼我們比較喜歡也寧願只短時間這麼做。這個解釋有幫助嗎？

朵：有。我想我瞭解。如果有人類在太空船上，他們能在同樣的空氣中呼吸或生存嗎？

蘇：我們不喜歡帶著人類的完整肉身到我們的太空船上。除非他們周圍有些保護，而我們也保護自己不受到那個人的傷害，因為人類不會習慣我們船上的空氣。在把他們帶上船以前，我們會讓他們進入類似出神的狀態。我們保護他們的意識，好讓意識能承受不同的空氣而不造成身體上的傷害。但，再強調一次，如果地球人在我們的船上太久——通常他們會立刻回去——他們會很難在那樣的空氣下存活。事實上，我想這可能會造成健康問題，而不只是要適應我們而已。這整個經驗可能讓他們受到輕微的驚嚇。兩者相加則可能對那個人的健康有害。這是為什麼這些事都在很短的時間內完成。別的外星人有時不會把地球人送回去。那個人大概過了一段短時間後便會死亡。我們不喜歡這麼做，因為我們是來這裡提供協助的。有些外星人以比較動物性的觀點來看待人類生命，對待人類就像你們對待牛一樣。你知道的，他們可能會為了科學的理由解剖人類，只要把人類想成是沒有智能的動物。通常他們絕對不會有吃人或那類性質的事，而且可能是等人死了之後才進行這類實驗。但是我們尊重這裡的生命。我們在議會已承諾要幫助在這裡的人，即使我們進化許多。我們在這些生命身上看到希望，他們也想接觸我們。他們尊重我們，我們也尊重他們。但有些來自其他體系的生命，並不屬於議會成員，也不像我們把人類生命看得那麼珍貴。

朵：我很高興你們尊重人類生命。因為這樣的話，我們的思考是類似的。我想我們可以溝通得更好，因為我們對生命有同樣的感覺。

蘇：曾經有一兩個人類被送到我們的星球和其他星球。別的外星人也做過類似的事，但這是很罕見的情形。人類可以活著抵達外星的唯一方式，就是立刻上太空船並立刻送去母星。他們能否從這樣的經歷存活下來，時間是關鍵。這不總是愉快的體驗，然而有些人類渴望發生，而那個渴望便會創造出機會使得事情發生。但一旦他們到了那裡，有時他們並不如自己所預期得那麼高興。他們因為沒有同類而感到寂寞。對他們來說，剛開始時很有趣，而且會因為自己被選上而感到榮耀。但就如大多數人一樣，他們渴望有伴。

朵：他們在那裡必須待在特殊的空氣裡，不是嗎？

蘇：是的。就像我說過的，人類被自己的情緒所包圍。他們會感覺到較多的障礙，並因此體驗到所謂的「寂寞」。這可能會影響他們到不想活下去的程度。但我不瞭解這其中的道理。

朵：如果他們有這樣的感覺，難道不能把他們送回來嗎？

蘇：（嘆氣）大多數人類很難經歷兩次這樣的過程（指來回）還活得下來。這對身體系統是很大的震撼。他們不習慣在那種速度下旅行，通常一抵達就需要醫療方面的照顧。有些人甚至無法活著抵達，因為他們的系統所受到的傷害。大多數人只渴望有別的人，有另一個人類也被送去那裡，而不是自己被送回地球。

朵：他們以為自己想去，但事情真發生了，他們發現情況跟想像不同。

蘇：如果那個人因為我們的教導而有足夠的進步，那麼他可能有機會坐上太空船，學習如何控制飛船，但通常他們也只能進行短距旅行。由於沒有適合這類旅行的身體，要他們學習如何旅行到遙遠的地方會很困難。我們的身體就可以。我們的身體可以在高速下前進，像是光年，而且不會對身體造成傷害。可是人體有它的限制。在它還沒更進化以前，它無法向我們一樣輕鬆地處理這類旅行。有一些演化程度較高、具有人類形態的存在體確實在宇宙間旅行。但你要知道，他們不是人類。他們有人類的外觀，但分子結構已經改變。他們比較進化。這是為什麼他們能夠進行太空旅行，其他人類則很難不因為這類旅行而產生嚴重的身體副作用。

朵：那麼他們看起來像人類，但其實不是。這類型的外星人也來地球嗎？

蘇：對，他們也來這裡。

朵：他們的外表會誤導，不是嗎？我們會以為他們是人類。

蘇：是的。你瞧，有些類型的存在體可以有很多種形體。他們把這當成工具，可以更密切地研究和觀察人類。他們有的不像我們這類型會受到大氣環境的影響。有這種能力的生命非常進化。

朵：你的意思是他們可以形成一個身體？

蘇：他們就像是你們會稱的「變色龍」，可以改變形體，融入環境。他們基本上是能量。如果你看到他們沒有身體的樣子，那會像是飄浮著的液態能量。

朵：飄浮？會是實體的嗎？

蘇：當它有身體的時候就有些實體。但你如果看到他們的自然形態，那會比較像液態能量的存在體。就像你們身體裡的靈魂，只是沒有身體。看起來很像。但這些存在體即使是在他們所謂的原始或正常狀態下都進化得多。就某程度來說，我們所謂的「靈體」，對他們就像是肉體。

朵：但他們有能力製造出一個肉體。

蘇：對，因為他們非常進化，輕而易舉就能顯化事物。

朵：看起來有好多事是我們不知道的。

蘇：生命的形式有很多種。單是在你們的星球就有很多生物形態，有很多物種，像是昆蟲、動物物種、植物生命。你知道，要說出所有不同物種的名稱是很困難的。所以如果你們能這麼看待，你們會明白外頭的宇宙也有許多、許多的生命形式。其他行星上的生命種類和形態也是各式各樣，它們的昆蟲生命、植物生命和你們的星球非常不同。

朵：你說他們帶人類上太空船的時候，會讓人類處在出神狀態。這是為了讓人類適應環境，而且也是保護他們的心靈。這麼說對嗎？

蘇：意識。

朵：他們的意識？

蘇：還有他們的心靈。

朵：我向來認為不記得這些經驗有時反而是仁慈的，這樣就不會干擾到他們的正常生活。

蘇：這是在保護他們，讓他們離開時不完全處於這個她會稱之的「震撼」狀態。傷害個體不是我們的目的，所以我們不想給他們帶來這種體驗。

朵：所以這也是為了讓他們能夠適應大氣。

蘇：對，兩者都有。

朵：可是他們只能維持在那樣的出神狀態一段時間，然後就必須脫離。

蘇：是的。這是為什麼他們大多數人很快就回去的原因。如你所知的，時間幾乎停止了。這些事可以在眨眼間發生。時間可以被改變，而且會發生人類在現發展階段難以理解的事。這是為什麼這麼些不同的人會有這樣的經歷。甚至是**這個**管道（指蘇）也有過這個經驗。許多事幾乎是在眨眼間發生，這是因為時間在人類的心智裡被改變了，但在我們（指外星人）的心智，時間並沒有真的改變。那其實自然得很（咯咯笑）。

朵：對**你們**來說怎樣都很自然。我常常在想個體是受到了某種催眠。

蘇：那是傳送到個體意識的一種心靈感應，是他們能接收的東西。此外，腦部也有不同的點可以被刺激。她會說像鴉片劑……產生鴉片劑的效果。能量如果被推往腦部的特定部位，就會產生出神狀態。這類意識就類似現在正發生的情形。這是為什麼你可以做你現在做的事，在你們所謂的催眠狀態下。透過一種能量形式的傳遞，意識的特定部位被刺激。類似這樣，只不過這個能量的速率要高得多，也比較強。人腦的特定部位會受到比這種出神狀態還要強烈得多的刺激。

朵：有些人在這些經歷後確實會殘留部分記憶，有的人則是在睡夢狀態會突然記起片段，也有的人什麼都不記得。

蘇：原因是在於每個人的大腦都不太一樣，因此和其他人的大腦會有些微不同的反應。基本結構是相似的，但每個人腦內壓力點的位置都不太一樣。只是一點點的不同。但也因此會有些微變化。每個人的狀況——他所消化的藥物，攝取的食物——都會對不同的分子結構和進入腦部的化學成分造成改變。如果有人撞到頭，發生腦震盪之類的情形，腦中的液體（指腦漿）也須調節適應。醫療情況也會影響腦部。進入身體的麻醉品會影響液體的流動。這些都是那個人會對這類經驗如何反應的要素。所以有的人會回想起較多的事。因為當能量推進腦部時，每個人調適反應的方式不同。有的人會記得，會想起更多，有的人不會。此外，這也要看他們的意識發展到哪個層次，還有他們願意接受和處理哪些事情。有的人害怕再次接觸類似的經驗。他們傾向把整個經驗都埋藏起來，不讓自己知道，因為他們害怕面對。

朵：所以這是很個人的。

蘇：對，很個人。

朵：有趣的是，我們能夠透過催眠接觸這些記憶。

蘇：那是透過刺激腦部特定的部位和細胞。

朵：記憶庫還是什麼嗎？我一直很好奇是怎麼作用的。

蘇：是電的傳輸。就像是電神經（electrical nerves）被傳送到腦部的不同部位。人腦裡有些地方負責儲存數據和資訊，有的部位用來創造和顯化想法。催眠就像是電流猛衝到線的另一頭。我知道是這樣的，在生理上來說，如果你們看得到的話，就像是那樣。

朵：當一個人在出神狀態並被帶上太空船，這會在他的心智產生阻礙或封鎖嗎？

蘇：意識的阻礙是要保護個體。對不習慣有這類經歷的人來說，這樣的經驗會令他們非常難受。所以就像是，打個比方，某個人發生車禍或意外，他們的大腦會自動保護自己不受到即將體驗到的特定類型的痛苦。大腦會自動讓它自己進入不同的意識狀態。那是為什麼有些人會有靈魂出竅的體驗。他們的意識在試圖保護本身不去感受到那個經驗的「驚嚇」或你們可能稱之的「恐怖」。它保護自己的方式很類似靈魂出竅。

朵：我覺得這些聽起來很有道裡。不過催眠師可以避開這些保護性的封鎖。

蘇：他們打開這些被關上的門。

朵：但我知道那也要當事人願意才能開得了。

蘇：是的，要他們願意，門才會稍微開啓。

朵：如果他們不想記得或是去經驗……

蘇：那麼他們就會把門關上。有這類外星經歷的人都是和外星有連結，否則通常不會發生這種事。要有這樣的體驗，他們必須先有渴望。他們想要擴展自己的意識。他們可能不承認，但早在事情發生以前，他們就已經準備好要有這個經歷了。

朵：是的，這我相信。……嗯，我真的很感謝你告訴我的一切。我想徵求你的許可，希望下次能再跟你談話。可以嗎？

蘇：可以。等她更習慣這類型態的訊息傳輸，我就能提供你更好的敘述。

朵：我認為你今天做得非常好了。

蘇：我只是**勉強**跟她的能量場整合，只是**勉強**。我們已經協議好要透過這個載具交流。我們想要協助，想幫忙。

朵：謝謝你讓我們跟你說話。

蘇：也謝謝你。

接著我帶引蘇珊恢復完全的意識。我很好奇當外星人透過她說話時，她有什麼體驗，於是又打開錄音機。

蘇：我一醒來就想起看到一個白色頭的外星生物，完全沒有頭髮。但我看到黑色的大眼睛，而且正在看著我。它真的在看我。它似乎是在一種我無法形容的層次上跟我溝通，對我發出我無法用口語描述的特定內容。當我變得比較有意識時，我很真實地感受到他的頭，還有那個眼睛是如何盯著我瞧。我們之間有明確的接觸，我能感受到一股非常強大的能量。到現在我還感覺得到部分的能量在我的頭裡。

朵：但那是很好的感覺，不是嗎？

蘇：是種安心的感覺，對。我的意思是感覺很好。可是很強大，幾乎像是在催眠狀態。

朵：這是你現在記得的全部？他盯著你瞧？

蘇：對，現在。

她說那個外星人似乎把一團資訊放進她的腦袋裡，還「掃瞄」了她的腦。放進去的資訊要比她告訴我的更多。當我問到下次要怎麼跟他接觸時，他給她看一個「三角形」符號。她稱那是金字塔，她似乎不知道那個符號對我的意義。這個符號在許多綁架經歷中一再被看到，通常是在太空船裡或是勳章上。

蘇珊並沒有因為這次的經驗而受到驚嚇，她覺得很開心很興奮。她感覺他們並不擔心資訊會交到「錯誤」的人手上，只認為何必費事給一個不知道要怎麼處理的人。當他說他在掃瞄我時，她的身體感覺到了什麼，我則有頭皮刺痛的感覺，像是頭皮發麻。

我和蘇珊下一次的催眠是在一九八七年的三月，尤里卡溫泉市的MUFON大會。這是唯一一次由MUFON贊助的會議。隔年便由盧和艾德．馬祖爾（Ed Mazur）接手，並改名為歐札克（Ozark）幽浮大會，名稱沿用至今。大會上的主要講者均為藍皮書和惡意計畫（譯注：美國空軍在一九五〇到七〇年間調查不明飛行物的研究計畫。）的退休軍方調查人，因此內容是專門針對懷疑主義以及官方對整個幽浮現象的否定。然而，更有趣的實驗則在遠離大會廳的地方進行著。

盧是我在當時剛進行調查時，唯一分享案例資訊的人。我在這類的調查才剛踏出最初幾小步，很需要有個可以信賴的人一起討論案例，交流看法。盧就是這一個人。

他在我們共事的這些年間，從未辜負我對他的信任。聽到蘇珊的回溯催眠有了令人驚訝的轉折，他說他也想旁觀催眠和提問。他在費耶特維爾和米納（Mena）舉行會議時已有過這樣的經驗。我們認為這次會議期間是進行催眠的最好時機，因為透過這次大會大家都聚在一起了。不少人也表達了參與的興趣。在會議上忍受了接連幾小時的官方否定後，這絕對會是氛圍的轉變。

蘇珊從來沒有在眾人面前被催眠過，自然對這次療程很緊張。當晚的大會結束後，我們回到汽車旅館的房間，她開始忐忑不安。看到越來越多人集合，她更是緊張。她要求其中幾位離開。我們謹慎委婉的向那幾人提出，避免讓他們有被冒犯的感覺。旅館房間裡還有大約十個人在場。大多數是我在其他會議上遇過的調查員，有一位是後來和我一起調查幽浮案例的心理學家約翰．強森。在接下來的幾年，約翰成了我在這個領域探索時不可或缺的同伴。當時是一九八〇年代，研究幽浮案例的專家還沒有幾位。我們都在相互學習，也從自己的錯誤裡學。

約翰給人的印象是個沉默含蓄的紳士。他安靜地坐著觀察，話不多。由於還不太認識他，我擔心出神狀態下的個案與外星人溝通的想法，對他來說會太過激進而難以接受。由於其他人都接觸過我這類工作，所以我比較在意約翰會怎麼想。但他說他相信輪迴，也瞭解狀況，這令我很驚訝。他因為在退役軍人醫院照顧瀕死患者，所以很能接受形上學的思想。驚喜之餘，我放鬆地開始替催眠做準備。我把注意力轉向蘇珊，有點擔心結果，因為這是她第一次在這麼多人面前要進入出神狀態，我不知道會發生什麼事。

她顯然也很擔心，因為她開始深呼吸，試圖放鬆。但她其實不必擔憂，因為我知道關鍵字自然會發揮它的作用，她會很容易就進入出神狀態。由於室內的燈光干擾到她，我們把燈都關了，只開廁所的門，讓那裡的光透過來。

每一個人都安靜地坐在半漆黑的房間裡，等待著接下來會發生的情況。我使用關鍵字，然後倒數，引導她回到我們曾經跟那個存在體說話的場景；希望能再次找到他。如果成功的話，我打算為房裡的幽浮調查員重複問一些問過的問題。

朵：我會數到三，數到三的時候，我們就會在那裡，回到了那個場景。一、二、三，我們已經回到了那個場景。你在做什麼？你看到了什麼？

「說得具體點！」一個很有威嚴的聲音突然出現，嚇了我一跳。就好像我們打擾或打斷了某個人一樣。情況完全出乎我意料之外。

朵：具體一點？好吧。上次我們說話時，我正試著多瞭解你和你的太空船的事。

氣氛突然間改變，說話的聲調非常柔和，「你們想知道什麼？」然後音量又提高而且幾乎是不耐煩地：「你們在找什麼資料？」

朵：你告訴過我，你們乘的那個太空船只有一個房間。是這樣嗎？

蘇：你之前提到的那艘？

朵：是的。還是說我們現在在哪裡？

蘇：我在一艘太空船裡。我不是都會在我們之前提到的那艘太空船上。我偶爾會轉移。有些太空船的用途不同。

朵：你現在的這艘是什麼用途？

蘇：你們可能會說它是「偵察船」。它是用來觀察。我現在在試著和她的意識說話。這對她來說要做一點調整。能量不同，她正在適應。

朵：好。但記得不要傷害到載具（指個案）。

蘇：沒有傷害。

朵：這需要花點時間才能習慣，是嗎？

他顯然不想拐彎抹角和閒聊，開門見山便說：「你們想知道什麼？」

朵：好的。你說太空船是用來偵察？你指的是哪種功能？

蘇：（機械性的語氣）觀察，監控。對各種生物。

朵：為什麼你們這麼做？

蘇：這個資料會被送到距離這個行星很多光年以外的母星基地，那裡的生命會再做一次分析。我只是把資料傳過去。我儘可能取得許多可以傳送的資料。我們有一個通訊設備，它讓我們很容易就能把資料傳送到很遠的地方。

朵：那是哪種裝置？它的動力是什麼？

蘇：你們對這大概很難完全瞭解。我們是很心靈感應型的生命體。我們可以用心靈傳送資料到遙遠的地方，但我們也有一個聲音裝置可以放射和發送振動的聲音。聲音可以傳送到你們已發現的更遠距離之外。有很多方式可以讓聲音傳得更遠。我們有一個你們會稱為金屬管之類的物質。振動的聲音有點像是被推進去，然後經過管子再被推出來。它必須對準特定地點的特定方向，一個特定的振動位置，我們的轉盤會設定在那裡。資料是立即被傳送過去。由於距離的關係，會有一些你們所謂的時間遲滯。有時需要你們所謂的「好幾天」，才會實際到達那裡。

房裡有個人開始咳嗽，造成了些干擾，他於是起身走到隔壁房間。我的注意力被分散了。

朵：它的動力（指傳送裝置）是來自被引導進去的聲音嗎？

蘇：還有編碼在聲音裡的訊息。就像你們有的摩斯密碼一樣，很類似。這樣說你可以理解嗎？

朵：可以。雖然我們無法瞭解那個聲音，但我可以瞭解這個概念。

這和菲爾在《地球守護者》中提出的概念一樣，也就是一些外星通訊是透過音調傳送到很遠的地方。

朵：我想你之前跟我說過另一個行星上面有個像天線桿的裝置？對嗎？

蘇：那是這些訊息的接收器。有發送類型的桿子和接收類型的——你們會稱是「旗竿」；一個非常高的金屬圓柱狀的東西。訊息會被送到精確的地點，到達有著同樣振動的位置。這是為什麼它最後會到達那裡而不會跑錯地方。就像接收無線電信號的天線一樣，用法很類似。它被當作接收那個頻率的接收器。

朵：你說資訊會在另一端被解碼，然後放進你們的檔案？你們一直在對不同的生物做記錄嗎？

蘇：哦，我們不像你們那樣留存檔案。我們是保存在你們可能會稱為記憶庫的地方。資訊一旦進了記憶庫就永遠不會被忘記，很容易就能回想起來。我們不用把它記錄在書裡。我們確實有儲存不同例子或體驗的地方。它們被放在你們可能會稱為地面下的容器，以免受到我們星球惡劣天氣的傷害。

朵：地球所有的紀錄也都收在那裡嗎？

蘇：我們並不那麼關心跟地球有關的一切紀錄。我們有了我們想從地球和許多其他行星系統取得的東西。我們只拿我們有興趣的。我們不需要全部。我們已經能夠瞭解這裡的許多生命形式。這對我們來說很簡單。

朵：其他的人可以問你問題嗎？

蘇：我會試著回答他們，在這個結合的能量狀態下盡我最大的努力。

我以為其他人會跟之前幾場催眠時一樣地大聲提問，然而有些人開始遞了紙條過來。在半漆黑的狀況下，要看清楚問題還真不容易。

我唸出第一個問題：「你們的身體是如何穿越這麼遠的距離？」

蘇：轉移能量有很多不同的方法。電磁、思想和其它方式都能完成同樣的目的。在許多情況下，這只是從一個次元的實相轉移到另一個次元。此外，只要心理上做調整，就能讓指揮太空船的人所控制的能量，照著他們的意願去做。換句話說，就跟思想傳送一樣。只要心裡想著自己到了某個地方，你就會到達那裡。隨著你們對你們實相的瞭解和意識的擴展，你們將明白心靈能力對周遭的實體／物質有著直接的影響。當那些物體在與你們一模一樣的心靈頻率上共振，你們對那個物體就有絕對的控制。你們世界現在的頻率多少是散亂分歧的，沒有兩個共振是一模一樣。然而，當這些物質和心靈能量共振，它們也能被心靈能量轉移出去，它們會依控制它們的思想指令出現和消失。你們很快就會得到那個技術（以思想動力推動飛行器）。但議會在這個時候還不能讓你們擁有這個技術，必須要等你們進步到更負責任的層次才行。你們已經用核能讓整個星球的存在陷入危險。你們不知道自己在做什麼，卻還是做了。我們請你們不要用核武危害到宇宙其他地方。

我唸出下一個問題：「你們在收集地球人的哪方面資訊？」

蘇：人類在許多方面都很特殊和獨特。這是為什麼我們現在正試著協助人類。我們也對地球本身和它的環境變化感興趣。這裡的生命較不進化，有時幾乎是野蠻，但我們對這裡的生命抱著很大的希望。人類正在發展，在我們的協助下快速進步。我們已經和地球人合作了很長一段時間。我們用心靈感應的方式影響，透過夢境幫助人類在技術上、科學上有所進展，來到人類可能會稱為「情緒成熟」的狀態。情緒會對人類造成巨大破壞和混亂，直到你們學會如何掌握和控制情緒。人類必須學習如何用正面能量自我驅策，也要學習如何轉化負面的能量。負面能量是你們所熟悉的憤怒、嫉妒等類型的情緒。這些是人類的墮落，它們阻礙人類的進步。正面情緒則是驅策人類前進。但這整個星球要有這樣的領悟會需要一些時間。

朵：（唸問題）你們這類的存在體有激情嗎？

蘇：跟你們的不一樣。當我們想進行你們所謂的「繁殖」時，會有一種親密感。一個生命會因這個目的跟另一個生命結合，建立緊密連結。但我們不像你們會專注在或是對這些情緒、情感念念不忘。我們沒有執著。我們比較抽離，因為這些情緒或激情會是進化的阻礙。我們的本性不會讓**情緒**阻止我們進步。有些別的外星生命對這些強烈的情緒很著迷，只因為他們體會不到。他們很好奇，但他們也把它看作幾乎是阻礙。他們認為它也可以是有幫助的，這要看你們想怎麼去使用你們所謂的「感受」。如果是使用在正面，它們就能幫助生命進化。這要取決於個體自己。

朵：我很好奇你們對情緒／情感的瞭解是否跟我們一樣。

蘇：我們會觀察其他生命的情緒。需要瞭解的都已經知道了。但是我們把人類看作能量管道，看作能量。人體裡有一直在旋轉的渦旋，不斷輸送周遭的各類能量。許多人沒有覺察到這點。

他是指身體的脈輪嗎？它們常被描述為旋轉中，而且必須旋轉或和諧地運作，身體才能維持健康和平衡。

蘇：但是我們認為人類是有希望的。人類是個特殊的生物。只要能更充分地使用自己的潛能、天賦，人類就能在很多方面進步，這對自己和整個宇宙都是好事。

朵：聽起來很棒。那麼，你們有性別嗎？

蘇：我們是雌雄同體。換句話說，我們每個人都能生殖後代。

朵：我對這個很好奇。你的意思是你們會輪流當不同的性別，還是一個身體裡有兩個性別？

蘇：在我們的情況是用心靈感應。我們用心靈投射出要**生長**的（生命）影像。不是會「變老」的那種生長，而是在我們稱為「腹部」的部位會腫脹起來。跟人類要經歷的時間相比，我們的生命是在很短的時間內形成。當他從你們稱為腹部的地方出來，腹部又會立刻密合，沒有動手術或切口的需要。一切都在心裡完成。這個生命出來的時候個頭較小，然後會長到一個大小就停止生長。只要大氣的狀況維持在特定狀態，他們能一直維持在那個大小。

朵：所以你們會決定什麼時候想要生殖。這不是件無意識的事。

蘇：兩個生命之間會共同決定由誰來生殖。我們也可以交換，這不重要。我們這種生命體在很小的年紀就很進化。他們一能走路，我們就給他們看銀河圖，他們隨即就在星際間旅行。這是我們的本性。我們在這個領域非常先進。

朵：我對情感很好奇。你們對這些年輕人，這些孩子有什麼樣的感受嗎？

蘇：跟你們不一樣。

朵：你們會教養小孩嗎？

蘇：我們有**教導**的渴望，但這不是在感情上的。這對我們就是本能。教導的本能。教導年輕的生命直到成熟。我們的小孩會自動學習他們需要學習的事。這是根深蒂固在他們的組成中，在我的組成裡。我們需要知道什麼，就會有那樣的發展。這很容易。我們有教導和進步的本能，而不是滋養類型的本能。那不一樣。如果有人受傷或受害，我們會送出一種感受。那不真的是你們所稱的悲傷，但我們會傳送一種振動。我們會有一種想要那個人恢復完整的渴望，但不是你們所知的悲傷。如果可能，我們也會做點什麼去修復那個人，如果真有這樣的需要。

朵：我在努力瞭解你們和我們之間相同和不同的地方。你們從來沒有任何像是憤怒的負面情緒？

（對。）

另一張字條遞了過來：「此時最常來訪地球的是哪一種生命？是指有身體的外星人。」

蘇：類人動物次族群的……我找不到翻譯上的對等詞彙，但類人動物的一般分類下還有次族群。有很多跟你們有一樣的身體。在你們星球上播種的就是這種性質。還有一些是你們的遠親，但在你們的標準來看非常不傳統，很不尋常。這一種是你們的遠房堂兄弟，是比較常來訪的類型。你們可能會稱的機器人只是自願來進行任務的工作者。他們離開了自己被設計出來的地方，自願為這個「成就」提供服務。我不太願意用「實驗」這個字，因為結果已經被預測，而且也已經知道。然而，沒用「任務」是因為大部分工作是……我發現我必須中斷這段對話。我被告知你們誤解了這段談話的方向。我們給予的資料被誤解為是侵略性的，而不是協助性質。我們不希望讓你們有我們是以征服者，而非協助者前來的想法。

朵：你剛剛提到結果是已知的。你能告訴我們那是什麼意思嗎？

蘇：是最終的結果，而不是個別和個人的結果，那會是你們每個人必須以自己的方式去創造出來的。

朵：最終的結果是什麼？

蘇：人類種族的意識提升到宇宙層級。成為星際人的兄弟，而不是征服者或下屬。

朵：這些機器人看起來是什麼樣子？

蘇：在你們的描述裡外表灰灰的，還有個子小小的，就是最典型的。眼睛是他們最顯著的特徵，這純粹是因為那是溝通的接收器或受體。

朵：他們的眼睛和人類的眼睛是同樣功能嗎？

蘇：某個程度。他們用眼睛看，但能夠看到多過你們所稱的可見光譜，包括紅外線和紫外線的範圍。

朵：他們的眼睛有瞳孔嗎？和我們的功能一樣嗎？

蘇：他們聚焦和捕捉光線的方式不同。在這方面他們不一樣。他們確實可以接收光線，但方式多少是基於不同的原理。

朵：他們的眼睛有眼皮嗎？

蘇：就覆蓋方面來說沒有。不像你們會說你們的眼皮會蓋住眼睛。

朵：他們有跟我們類似的呼吸系統嗎？

蘇：類似的地方只在於有分解的作用，而不是消化或吸收氧氣。

朵：他們的身體需要營養的物質嗎？

蘇：純心靈能量就夠了。他們不需要靠物質的營養維生。他們是能量體，靠純能量就可以了。

朵：那這是我們所謂的永恆生命。

蘇：不是這樣的，因為身體的使用期限到了就會消失。

朵：那麼他們不像人類一樣會消耗東西？

蘇：在廣泛的物質意義上不會。

朵：那滲透作用呢？你說他們是能量體。他們會透過滲透作用吸收嗎？

蘇：有吸收（作用）。他們會分解化合物，或許也對可能出現的特定異常來進行修正。至於營養，他們比較是從能量來源取得能量，而不是靠消化或呼吸功能。

朵：你的意思是像大氣中的成分？還是說他們是靠哪類能量維生？

蘇：心靈能量。

朵：情感會滋養他們嗎？

蘇：並沒有情感的成分。這些被稱為機器人的並沒有情感，但對心靈能量會有反應。

朵：我的意思是，別人的情緒會滋養他們嗎？

蘇：他們會被影響，但不是靠那個維持或滋養。

朵：他們會有任何病痛折磨，並因此減少壽命嗎？

蘇：沒有我們可以想到的。不過，在一定的環境下，可能會變衰弱。

問題成堆地遞給我，我努力在燈光昏暗的房間裡組織它們。

朵：這些生物是怎麼繁殖後代？他們是被複製、被製造出來還是怎樣呢？

蘇：在……中央地區有個過程……打個比方，這很類似你們政治體系裡的郡或州。州長性質能量所在的星球被指派進行一個程序，這個程序是混和身體和心理性質的能量，因此身體建造物被賦予了心理的反應。我說的不是認同感，而是能讓那個物質創造物對心理刺激有回應。那些機器人對你們的心理能量會有回應，但他們聽命或從屬於那些指導這個特定行動的人。機器人是他們的僕役。

朵：機器人是被複製，或以某種方式製造出來的嗎？由別的個體製造出來的？

蘇：兩者都是，因為他們的心理能量是由生命力所提供。在某個意義上，在製造程序上是組裝多過於成長，他們是被製造出來的。然而他們有生命力在這些組件裡，因此他們也是元件或機器。

朵：他們會和地球人溝通嗎？

蘇：我想澄清，他們會溝通，但不是和地球人溝通，而是和他們的上級溝通。人類並不直接指揮這個運作。然而，他們確實會回應人類的情緒，只是不到智能互動的程度。

朵：他們的上級是誰？

蘇：那些負責那個特定任務的人。機器人和他們之間會有互動。然而，還有遠遠超越他們，在他們之上的意識成分。這就像宇宙的主人派出這些下屬，於是他們參與主人想進行的任何任務並且回報。跟你們的軍隊結構很類似。

朵：他們瞭解人類的情緒嗎？

蘇：這麼說是正確的。他們可以同感，感受情緒。

另一個問題：「這些機器人有能力繁衍嗎？」

蘇：這不正確。他們沒有生殖的能力。他們的本質不是自我存續。他們純粹是一種創造物，透過一個結合的過程賦予生命力，而那股生命力會使他們對接觸到的其他生命力有反應和產生共鳴。然而他們無法生殖。

朵：在太空船上還有別的生命跟這些機器人在一起嗎？

蘇：當然。有很多很多不同形式的生命，但他們不必一定要在。

朵：他們比較像我們嗎？需要食物、營養，還有……

蘇：沒錯。

朵：這類生物是什麼樣子？最常跟這些機器人生物在一起的？

蘇：他們的外表也是人類特徵，不過大多時候不會被發現。他們或許在觀察，但不會被看到。他們不會一下子就出現在被帶上太空船的人類面前。

朵：你的意思是，他們通常不在人前出現？

蘇：沒錯。

朵：如果他們攝取營養，那會是哪類型的營養？

蘇：他們身體功能所需的要素和礦物質是以液態的方式攝取。

朵：不像我們所知的固體食物？

蘇：和支持你們維生的形態不同。

朵：他們會需要地球上的什麼成分或東西嗎？非從地球取得不可的東西？

蘇：那會是能量成分，不太是有形／實質的化合物，這個能量在你們的星球很普遍。電力和水的精神面（spiritual aspects）是兩個例子。

朵：我在想他們需不需要像是水之類的東西。

蘇：倒不是**需要**水，而是水所轉化的能量。

朵：這是為什麼有人在發電廠上空看到他們的原因嗎？

蘇：可能，但不一定如此。他們會在發電廠上方有很多可能的原因。觀察。操縱。實驗。

朵：跟這些生物有某種形式的接觸或溝通的地球居民多嗎？

蘇：我們會說，是的，有很多人是自願的。

朵：為什麼他們要把人類帶上太空船？這麼做的目的是什麼？

蘇：你們必須瞭解，你們會居住在這個星球並不是像有些人覺得的是個偶然，也不是像另一些人覺得的，就像你們聖經的敘述，上帝用自己的形象造人，這樣的理解多少是基本教義派的觀點。我們要求你們瞭解，人類存在於這個星球，可以說，是由那些回來檢查他們努力的成果的生命體所給予的。

有人輕聲問我問題，讓我一下子分了心。那個存在體也聽到了。

蘇：問題是什麼？

朵：你說你用飛行器偵察，你們也偵察別的行星嗎？

蘇：偵察在這個太陽系和其他太陽系的行星體系。

朵：在我們的太陽系，除了地球外，你們有沒有發現其他星球有智慧的生命？

蘇：噢，有的。有次元存有。有些振動得**非常**快。你們無法用你們所稱的「肉眼」看到他們，但他們是存在的。有些非常高度進化。有的甚至就存在於你們的星球，可是你們不完全感知得到。有些行星上的生命是你們無法以肉眼看到的。如果你們是在類似的次元範圍，你們會比較能夠察覺。就像我的載具正告訴我的，今晚你們曾討論你們稱為「火星」的行星上是否有生命的可能性。

朵：那裡有生命嗎？

蘇：有，不只一種。那裡有智能生命。在那裡的進化生命形式是光體。他們反射不同程度的光，會像閃光一樣地出現。這是為什麼你們這類生命不一定能看到他們的原因。如果他們想要以更明亮的光體顯現，他們也做得到。假使他們不想被看到，也是可能的。

朵：那麼他們不像我們一樣有物質身體。

蘇：對，不過那裡還有一種不像他們那麼進化的動物生命。那種動物生命在那裡有牠的目的。牠對……構成那個星球的物質（substance）有幫助。牠們的身體就是為了適應那裡的環境狀況。但牠們不是那裡的進化生物。

朵：那是一種碳基形態的生命形式嗎？

蘇：是的，在你們會稱為的「大氣」裡，有一種碳類物質。它是一種混和物，混和大氣的化學類型……化學物質——字……。

朵：是啊，用字永遠都很困難。我被告知很多次了，這個語言不夠充分。——我有另一個問題。外星人是否曾經跟地球上有權力的人接觸過？

蘇：噢，是的，很多次。他們之間有協議，已經進行很多年了。

朵：他們跟誰協商？

蘇：政府領導人。向來是和政府。

朵：外星人有承諾用什麼做交換嗎？

蘇：有時政府換來能量資訊、醫藥資訊、外星人的活動資訊、失蹤太空人的資訊。

朵：（驚訝）失蹤的太空人？

蘇：有很多太空人失蹤。

朵：在我們這個時代？在二十世紀？

蘇：自一九六〇年以來，有很多人失蹤。

朵：他們是怎麼失蹤的？

蘇：他們被送去外太空，但因為飛行器太原始，機器故障使得他們無法回到地球。有些人在飛行器裡死亡，其他人則漫無目的地飄浮著，然後被別的太空船發現，帶到不同的地方做研究。有時候透過這些協商，這些個體會獲准回到地球。

朵：他們那時還活著嗎？(是的。)可是我們，民眾都相信我們知道所有太空旅行的事。

蘇：不是的。一直有一些很秘密的發射升空，美國和俄羅斯都有。其他國家也做過實驗，包括日本、中國、英國、加拿大。所有所謂的「先進」國家都曾送太空船到太空。

朵：我們以為只有美國和俄羅斯這樣的主要國家。你的意思是，其他這些國家也有太空計畫，還有可以讓太空船升空的地方？

蘇：他們都曾經實驗過。許多都因為損失，還有害怕大眾的反應而中斷實驗。

朵：所以這些不同的國家都有太空站？

蘇：是的，在他們的軍事設施裡。

朵：可是如果有人失蹤，我認為我們應該會知道才對。

蘇：不會，因為他們害怕因此被制止。很多時候他們不知道那些人在哪裡，不知道那些人是否還活著。

朵：被帶回來的人難道不會告訴別人？

蘇：不會，因為他們不記得了。

朵：他們不記得飛行和被外星人帶回來的事？

蘇：對。如果他們要被送回來，他們的記憶庫就會被中斷以便保護所有的事。這是經過雙方同意的。

朵：是外星人中斷的嗎？

蘇：是的。他們覺得這個星球的人的進化程度不夠高，還不能知道那些星球的位置和技術。我們這時候可不想要有不速之客。

朵：但你說政府官員知道這件事。協議裡有部分是要知道那些太空人發生了什麼事嗎？

蘇：是的。他們被告知太空人在我們這裡，還有我們會或不會交還他們。這會是他們知道的內容。

朵：那麼外星人會追蹤我們的太空飛行。

蘇：那是當然的。

朵：你說這些協議和交涉到現在仍在進行？

蘇：當然。

朵：外星人有得到什麼作為回報嗎？

蘇：我們得到我們需要的天然材料，那些東西在地球很普遍，但在其他行星上就不是那麼容易找到。還有……有時候我們會把人帶來做研究。

朵：你們怎麼得到那些人？

蘇：和政府協商。他們讓我們帶一些人走。

朵：他們告訴你們要帶走誰嗎？（是的。）他們為什麼會有這個決定權？你們難道不能直接帶走你們想要的人嗎？

蘇：噢，可以，但我們同意帶走他們選定的人。

朵：我很好奇他們怎麼決定誰該被帶走。

蘇：起初都是些不受歡迎的人，但後來我們決定我們不再需要這類人。

朵：哪種人被視為不受歡迎的人？

蘇：表現不如預期的軍事人員或是有紀律問題的人。這也引起我們一些顧慮，所以我們不再帶這些人走。現在和我們一起走的是自願在一定的時間裡合作，提供服務的。時間是事先同意好，然後我們才帶他們走。

朵：你的意思是你們稱為「不受歡迎」的人製造了紀律問題？

蘇：是的，他們並不是很令人愉快。

朵：喔，那現在以自願者身分去的人都是軍事人員嗎？

蘇：不是。有些來自醫療領域，有些是科學界的人，他們也想學習和實驗。不過這些自願者很清楚，當他們要回來時，所有他們知道的事都不能帶回去。

朵：那麼他們回來的時候就不記得了？（對。）他們能解釋自己為什麼消失了一段時間嗎？

蘇：一般都是跟別人說他們要去休長假。

朵：他們回來後，心裡難道不會為了這段無法說明的時間而感到困擾？

蘇：有時會。不過他們寄望在接下來的二十年間會想起來。

朵：像是隨著時間，記憶會慢慢釋放之類的？（是的。）好，那些被帶走的「不受歡迎」的人有沒有被送回來？

蘇：有些有，有些沒有。

朵：我在想他們的家人。如果他們突然消失，那要怎麼對家人說明？

蘇：大多數沒有家人，不然就是已經疏離。

朵：這是為什麼他們會被選上？（是的。）但現在去的人是自願的。他們不是在違反他們意願的情況下被帶走。

蘇：沒錯。

朵：我認為這點很重要。但這仍然是和政府合作？（是的。）有人說地底下有些基地，尤其是美國。你知道這方面的事嗎？

蘇：你們不曉得的基地有很多，地下和地上的都有。

朵：我被告知外星人在其中一些基地跟政府一起工作。

蘇：沒錯。我們正試著串聯我們的努力，開放我們的知識，前提是要用在正確的目的。由於政府覺得一般大眾還沒準備好要接受這種合作網絡的事實，事情直到現在仍保持得非常隱密。但在接下來二十或三十年間，這一切都會變成常識。

朵：你能告訴我，他們在那些基地主要是一起在進行什麼嗎？

蘇：外太空旅行、能量系統、醫療科技、食物儲存和準備、製作補充品。

朵：這些都是好事，我們會認為讓大眾知道這些沒什麼關係。現在去的醫療和科學界的那些人，是自願接收資訊還是提供資訊給外星人？

蘇：兩者皆有。

朵：所以是雙向的。有傳言說某些地下基地在進行基因實驗。
蘇：是的，醫學界的人，還有別的外星人也在做。別的生命形式對這個一直很有興趣。
朵：主要都是政府在進行這些實驗嗎？這是誰的想法？
蘇：最初來自外星人。他們投入這個領域很久了，對這方面一直有興趣。人類只想發展出超級人類，
　　這和外星人的目標不見得有交集。
朵：這是為什麼政府同意進行這些實驗的原因嗎？他們想創造出一個超級種族？
蘇：不全然是。這只是其中一個層面。
朵：喔，那我們的政府還為了什麼目的投入基因實驗？
蘇：有些人希望能找到基因問題的解答。為什麼會發生，又要如何預防。還有若一旦發生，是否能
　　夠改變。
朵：這是很好的想法。那創造超級種族呢？有在進行嗎？
蘇：很多人期望它能進行。不過，因為地球上許多相關人士的恐懼，害怕情況會失控，進行得不是
　　很順利。目前他們的焦點主要是在基因上的弱點，還有如何去除它們。
朵：這是外星人主要關心的事？
蘇：不。他們想創造更高界域的生物，具有實現多種成就的能力。
朵：超級人類種族似乎不會有情緒？我的瞭解正確嗎？
蘇：情緒主要是人類的特徵，其他星球並沒有情緒。這對我們來說是研究的領域。

朵：那麼外星人感興趣的主要是發展一個新的人種？你說的是某種較高階的物種，不見得是超級種族？

蘇：沒錯。

朵：有傳言說地底基地在創造怪獸，非常可怕的混種還是變種什麼的？你知道關於這方面的事嗎？

蘇：這種事難免會發生。你們形容為可怕的，對另一個種族而言卻可能是美麗的。當你開始在基因實驗裡結合物種，就是會有變種發生。

朵：這個概念在我們聽來令人反感。這些不同的物種會有我們所知道的靈魂或靈體嗎？

蘇：有些有，有的沒有。這要看它們是怎麼來的。如果是基因變種，本質上是機器人，那就沒有靈魂。他們純粹是由基因產生。相反的，如果他們一開始的源頭是靈魂本質，那麼結果就會有靈魂的作用／功能。

朵：那智能呢？這是在創造另一種勞工種族，還是他們像人類一樣具有智力？

蘇：現在被實驗的物種有很多。有的本質是機器人，他們沒有智能；有的很有知識素養。

朵：這些被創造出的生物或不同的物種最後會怎樣呢？

蘇：有些已經被帶到對這些事物比較能夠接受的星球。

朵：曾經有任何被安置在地球上嗎？（沒有。）那麼政府知道這些實驗的目的？（是的。）所以政府的醫生和科學家也在配合進行？

蘇：有一些。不是全部。只有少數被選中的人。

朵：所以這是已經和外星人協商好的事情之一。他們讓政府取得這些實驗的知識，交換他們需要的自然界材料。

蘇：沒錯。

朵：政府能保守這個秘密不讓人民知道實在太驚人了。

蘇：事情被隱藏得很好。我們的理解是，過去只有非常少的人才能知道這些協商。

朵：美國總統呢？他們會知道這些事嗎？

蘇：有的知道，有的不知道。這要看他們自己的個性。

朵：我想知道他們怎麼能隱藏這些派有軍事人員的基地，而不讓總統知道它們的存在和功能。

蘇：有時候總統是最後一個知道事情的。

朵：那麼這些基地是被保護的，軍事人員和資金則來自其他的預算或什麼的。

蘇：沒錯。

朵：我猜想它們戒備森嚴。是這樣嗎？

蘇：多多少少。它們沒有你以為的那種保護。沒有槍械或飛彈。它們是以其他方式被保護著。

朵：好，我們聽說內華達有個基地有很多武裝守衛和軍人，沒有人可以靠近。那裡是其中一個地方嗎？（我想到的是惡名昭彰的五十一區）

蘇：不是，那是別的，那裡純粹是軍事行動的基地。

朵：外星人跟那裡無關？（無關。）有軍事人員和守衛在的地方會引人注意。你的意思是這樣嗎？

蘇：對，但我們跟軍事活動無關。

朵：我們被告知有很多軍事武器，例如隱形轟炸機是來自外星科技。是外星人給我們的。這是真的嗎？

蘇：部分是。我們提供的技術主要是為了太空旅行，不是為了使用在軍機上。

朵：我明白了。你看得到內華達基地在做些什麼軍事實驗嗎？必須要有這麼高度的防護？

蘇：軍事實驗的目的是要提高軍隊運輸的速度，還有軍事武器，以及防衛敵軍戰士攻襲的能力。

朵：敵軍什麼？

蘇：敵軍的人員。

朵：可是我們認為現在沒有需要抵抗的敵人，為什麼還有理由繼續進行軍事實驗？

蘇：掌權者中總是有人想要掌控其他的種族和人類。為了這個目的，他們致力發展可以促成這個目的的機制。

朵：總統（一九八七年的老布希）知道內華達的這座軍事基地嗎？

蘇：是的，他知道。

朵：所以如果是跟軍事防禦有關的事，他會知道。

蘇：沒錯。

一九九八年，在我動筆寫這本書時，五十一區已經悄悄地秘密關閉了。這是因為不想被公眾和媒體注意嗎？

朵：看來有很多發生的事一般人都不知道。我可以把你今天告訴我們的事情告訴大家嗎？

蘇：這沒有問題，因為在接下來的三十年內，這些事將會是常識。我們希望能夠跟這個星球的人組成一個聯盟，這樣我們就能以朋友的身分來來去去。——我的載具準備要結束傳輸了。我感覺到有些人還有問題，不過這必須儘快結束。她很累了。

朵：好的。我們不想做任何會讓她不舒服的事。——有人想知道，除了地球有人類這種生物，你們還有在別的地方發現嗎？

蘇：我在上次的催眠對你描述過。流質的生命體。液態飄浮的流質。像變色龍的。可以有很多形式。高度進化的存在體。他們能融入許多行星的文明，把自己變得就像是那裡的生物一樣。他們可以是人形，可以是星際兄弟的形體，他們能以許多形式出現。我想這是你們在這個星球上遇過最接近人類的類型。

朵：其他星球呢？你們在其他星球也發現過其他人類形態的生物嗎？

蘇：還有一個星球有類似人類的生命形式，但因為環境的關係，他們不是很進化。他們的進化需要更久的時間。他們有相似的人類特徵，但天性跟這裡的生命不一樣。

朵：我相信我們只剩下幾個問題。有任何存在體或太空船是來自或可以穿越地球內部的嗎？

蘇：沒錯。在你們墨西哥灣的海岸下面，有個區域現在住著亞特蘭提斯人的後裔。在你們的南極圈下面也住著跨次元性質的存在體。

朵：地球內部跟我們科學家所認知的一樣嗎？

蘇：它有個實心的內核和浮動的地幔，但不是連續的實體地幔。

朵：地球是中空的嗎？

蘇：這麼說不正確。

朵：地球裡面是不是有很大的地區是中空的，適合一個大文明的生存？

蘇：是的。雖然就地球的總體積來說不大。但以空間感和你們的距離相較，空間是足以維持一個文明。

朵：是在你提到的那些地區？

蘇：是的。還有其他的。然而這些是現在在你們的變動中扮演顯著角色的。

朵：你剛剛說這個載具越來越累了，是嗎？

蘇：是的。當我被召喚的時候，我就能協助。我來是為提供資料，幫助人類的進化。解決人類可能有的未解決的問題。這不會強加於任何人。如果你想要得到更多資訊，你可以要求我。我會協助並傳遞資料給你。如果有需要的話，我也會用心靈感應協助你們的進展。

朵：好的。我很感謝你的協助。我會把資料傳遞給其他人，而且是只為好的、正面的用途。

蘇珊脫離出神狀態後，覺得胃很不舒服。她說她沒有想吐，但好像有很多能量在她體內打轉。

現場有位治療師協助處理她的狀況。以前蘇珊每次做完催眠後感覺都很美好，有時甚至還是笑著醒來。由於這個情況是頭一次出現，我認為可能和催眠前她的緊張感有關。房間裡人很多，她因為處於敏感的狀態，可能感應到了別人的能量。此外，我們在一週內兩次使用了這位存在體的能量，可能做得太快、太多了。或許她需要更多時間習慣傳導這類能量。我真的認為這是許多因素所合併造成的現象。

蘇珊因為進入非常深度的出神狀態，她並不曉得催眠時房間裡發生的其他事。有些調查員拒絕認真看待這類調查，因此以刻薄諷刺的評論取笑我們（我沒有放在書裡），我下定決心再也不容許這類的質疑。我認為催眠是一種取得資訊，研究和探討的方法，但我很快就意識到，一九八七年的調查員還沒準備好接受。他們之中有些人還沒從形上學的角度來看待這個主題。

我逐漸明白，除非調查員瞭解形上學，否則他們無法明白幽浮和外星人的複雜本質。這些全都互有關聯，無法區隔開來。然而，那種要求「具體細節」類的調查員始終存在。我猜想這個領域容得下各類調查員。我們都握有謎團的零星片段，我們不能自以為自己手中那一點東西就是全部的拼圖。有太多細微變化與差異，因此我們必須學著一起研究。

大多數的人離開了，有幾個人留了下來，我們一直談到過了凌晨一點。蘇珊大約就是在那個時候去淋浴，然後叫我進去看她的腳；她從浴室出來後，發現自己腳上佈滿了大紅斑。斑只在腳上，沒有延伸到腳踝，而且也已開始褪色，漸漸恢復成原有的膚色。沒有人真的知道該怎麼解釋，除了這和外星能量有關外。這也可能跟她在催眠療程開始前的緊張有關。

當時我還不曉得在接下來的幾年，我會有其他個案的身體也受到類似能量影響的案例。而我很快就察覺，當在最深度的出神狀態下，人體能做許多我們以為不能的事。在進行這類工作時，要記得的最重要原則就是：「不要造成傷害！」然而你也必須持續對可能出現的意外做好心理準備。

這是我最後一次催眠蘇珊。她覺得這些事很有趣，但只當作是不可思議的怪事，她並不想傳導外星訊息。她當時在念商學院，比較想找到一份工作。我向來都是尊重個案的意願，因此沒有要求她繼續。我並不需要擔心，因為我已經與來自另一個世界的存有建立了直接的接觸，事情自然會有後續。

他們（外星人）找到了一位有意願的聆聽者，交流將會透過其他的方式繼續。

我已經開啟了另一扇冒險的大門。

我認為本書第一部（譯注：上集）的所有案例（以及沒有被我收錄進來的案例）都依循著一個可辨識的模式，這點相當值得我們注意。同樣的特性在世界各地一再重複，這種重複的內容是無法幻想出來的，尤其許多案例的個案幾乎沒有接觸過幽浮文獻。在一九八〇年代，也就是大多數這類案例被調查的時候，市面上還沒有多少這類主題的書籍。即使是已出版的書，也不是把重點放在我發現的層面，像是：最常被目擊的外星人類型、類似形態的太空船、外星人執行工作時的類似程序、類似動機，以及一再提及的對地球播種的故事。

由於個案間不可能串連合作，這些相似處讓故事更有真實性。此外，當其他調查員和出版品還把外星議題當成是負面和邪惡的事物報導時，我的個案一致地都會敘述一個仁慈有愛心的善意生物。就連科學也認可當一個實驗重複進行而結果都一樣時，這就是確立真實性的可靠證據。

最重要的是，書裡的個案並不希望曝光或出名，他們反而希望匿名，而為了尊重他們的意願，我改變了他們的名字和職業，好讓他們能夠繼續過清靜的生活。

（待續）

宇宙花園　先驅意識07

監護人——外星綁架內幕〔上〕

THE CUSTODIANS "Beyond Abduction"

作者：Dolores Cannon

譯者：林雨蒨、張志華

編輯：宇宙花園

版型：黃雅藍

出版：宇宙花園　網址：www.cosmicgarden.com.tw

e-mail：gardener@cosmicgarden.com.tw

通訊地址：北市安和路1段11號4樓

總經銷：聯合發行股份有限公司

電話：(02)2917-8022

印刷：鴻霖印刷傳媒股份有限公司

初版：2014年09月　再版一刷：2021年1月

定價：NT$ 450元

ISBN：978-986-89496-7-6

THE CUSTODIANS "Beyond Abduction"

Published by arrangement with Ozark Mountain Publishers

國家圖書館出版品預行編目資料

監護人——外星綁架內幕〔上〕/ 朵洛莉絲・侃南（Dolores Cannon）著；林雨蒨、張志華譯. -- 初版. – 臺北市：宇宙花園, 2014.9

冊；公分. --（先驅意識；07）

譯自：The Custodians "Beyond Abduction"

ISBN:978-986-89496-7-6（上冊：平裝）

1. 外星人　2. 不明飛行體　3. 奇聞異象

326.96　　103017127